幸福早餐，给爱的人

摩天文传 著

人民日报出版社

图书在版编目（CIP）数据

幸福早餐，给爱的人 / 摩天文传著. -- 北京：人民日报出版社，
2014.12

ISBN 978-7-5115-2904-6

Ⅰ.①幸… Ⅱ.①摩… Ⅲ.①食谱 Ⅳ.①TS972.12

中国版本图书馆CIP数据核字(2014)第273496号

书　　　名：**幸福早餐，给爱的人**
作　　　者：摩天文传

出 版 人：董　伟
责任编辑：孙　祺
封面设计：摩天文传

出版发行：人民日报出版社
社　　　址：北京金台西路2号
邮政编码：100733
发行热线：（010）65369527　65369846　65369509　65369510
邮购热线：（010）65369530　65363527
编辑热线：（010）65369528
网　　　址：www.peopledailypress.com
经　　　销：新华书店
印　　　刷：北京鑫瑞兴印刷有限公司

开　　　本：787mm×1092mm　1/16
字　　　数：120千字
印　　　张：10
印　　　次：2015年1月第1版　2015年1月第1次印刷

书　　　号：ISBN 978-7-5115-2904-6
定　　　价：34.80元

精致的早餐是一种生活态度，当庸碌的一天快要开始之前，在厨房里，亲手将食材原料变成一道美味的料理是一种无上的享受。给家人一份爱的早餐，让他在美味中苏醒过来，并带给他一天充沛的精力，通过这样的方式表达自制健康饮食的态度：早餐可以这样吃。

早餐可以在步履匆匆的人群川流中吃，也可以在翻阅文件的时候吃，当然也可以在出门前将就一碗鸡蛋面条稀饭包子。而如果你也认同早餐是通向一天幸福的开始，那么，临睡前，在记事板上写下第二天早餐的菜单，让爱人怀着期待入梦，并在美味中醒来。简单的食材、通俗的做法、创意的摆盘是我们在这本书里想要传达给大家的信息。用最简单的方法做最可口的早餐，让每一个人都爱上吃早餐，爱上自己动手做早餐是我们的希望。早餐不仅要做得好吃、健康、营养，还要做得精致、美丽、巧妙。生活可以过得将就，也可以过得讲究，让我们爱生活从爱上早餐开始。

本书《幸福早餐，给爱的人》精心介绍了各式早餐的做法，从难易程度到食材计量，从中西分类到无限创意，从进餐时间到厨具选择……全面细致，为你提供最优方案，让你的早餐花样不断，创意不断。翻开书页，即使是厨房杀手的你也可以轻松完成一道营养漂亮的早餐。

目 录 CONTENTS

Chapter 1

晨 间 美 味
唤醒活力从早餐开始

Chapter 2

中 式 早 点
传统美味更值得传承

Chapter 3

西 式 早 餐

清 晨 带 着 舌 尖 去 旅 行

Chapter 4

创 意 早 餐
动点小心思美味大不同

Chapter 5

早 餐 须 知
你不得不知道的健康秘诀

幸
福
早
餐

Chapter 1

晨间美味

唤醒活力从早餐开始

在薄雾渐消的清晨，
让家人在美味香甜的食物气息中与阳光一同苏醒，
这是种可以品尝得到滋味的幸福。
学会几个快速做好早餐的小秘诀，
让美好的一天从爱的早餐开始。

我们为什么吃早餐

快节奏的生活方式，连早餐都变成了可吃可不吃，或者在路边随便买个三明治边走边吃。曾几何时，早餐已变成了我们敷衍自己身体的一笔作业而已，然而身体会告诉我们不吃早餐会带来哪些不好的影响。

吃早餐有很多好处

吃早餐的人可以轻松的集中注意力，使整天的工作变得富有效率，还能够改善和提高记忆能力与学习能力。而且吃早餐可以帮助我们控制体重，加快新陈代谢，促进对维生素、矿物质的吸收，较少地吸收脂肪和胆固醇。养成良好的早餐习惯还能帮助我们远离病痛，根据美国心脏协会研究表明，不吃早餐的人比吃早餐的人更加容易患上糖尿病。

早餐让我们心情愉悦

研究表明，不吃早餐或不认真吃早餐的人幸福感和愉悦感会降低，从食物中获得幸福感是一种最简单和直接的方式，幸福的味道由味蕾蔓延至全身，仿佛阳光在身上跳跃，试想如果连早餐都不能吃好，那么一整天都没有精力和热情投入到工作中去，身边的人也会因为我们自身的负能量而感到郁闷。正如一句俚语所说"早餐吃得像国王，中餐吃得像绅士，晚餐吃得像贫民"，这才是正确的生活方式。

不吃早餐会发胖

很多女生不吃早餐就是想省掉一餐，希望能够减肥。而事实上，如果早餐不吃，中午反而会摄入更多食物，身体消化吸收不好，最容易形成皮下脂肪，引发肥胖。而且不吃早餐身体就会动用体内储存的糖元和蛋白质，长期以往会导致皮肤干燥，起皱和贫血。衰老和肥胖是女人最大的敌人，为了美丽请一定坚持吃早餐。

 不吃早餐会"毁容"

不吃早餐和吸烟、酗酒、通宵赌博等恶习的后果一样，随之而来的贫血、营养不良等症状便乘虚而入，侵蚀我们身体的每一个细胞，严重损害身体健康，使肤色呈现灰白或者蜡黄的颜色。年纪轻轻看起来就像年过半百的徐娘一样，风姿不在。

 营养不良抵抗力降低

不吃早餐一般到上午的十点左右，肚子就会开演唱会，咕噜咕噜的鸣唱饥肠辘辘的交响乐，造成肠内壁过度摩擦，损伤肠胃黏膜，导致消化系统的疾病，肠胃吸收不好，吃再多好东西也无济于事，这样，全身的免疫力也会跟着降低，机体的抵抗力就会大大下降。看到这些危害现象，你还会不好好吃个早餐吗？

巧用半成品，多睡 5 分钟

很多人不做早餐的原因之一就是想多睡一会，实在是不愿意花太多时间来做一顿几块钱就可以在街边搞定的早餐。其实做早餐真的没有那么难，让小编来告诉你如何利用既成的半成品轻松快捷的做一份丰富的早餐。

 培根

培根是英国人早餐桌上必不可少的一道菜，将腌制好的培根用平底锅煎一下，搭配生菜或竹笋一起吃，再搭配一杯英式红茶便颇有英格兰情调。英国人对早餐的重视程度真的很值得我们学习，对于他们而言，英式早餐是他们的骄傲，也是他们独特生活方式的一部分。

 剩饭

一般成人应保证早餐有 75~100g 的主食，所以早餐必须适量的摄入一些主食，将晚上吃不完的剩饭冷藏起来，第二天早上加入鸡蛋、火腿、玉米粒、胡萝卜丁等配菜，三下五除二就能轻松搞定一碗黄金蛋炒饭，再搭配一杯果汁，美好的一天就开始了。

 乌冬面

很多人以为乌冬面产自日本，但据传其实乌冬面是在唐朝由中国传入日本的，其实不管乌冬面是谁发明的，其介于面条与米粉之间的口感确实受到了很多人的喜欢，在超市买的那种真空包装的乌冬面直接入汤煮熟即可，是很好的早餐半成品之一。

 麦片

麦片的营养价值非常高，相比于其他早餐，麦片爱好者摄入的纤维更多、脂肪更少，有助于控制体重。现在有很多速溶的原味麦片，不添加任何配料，可以依据个人喜好自行调配，无论是与牛奶搭配做成甜的，还是与瘦肉搭配煮成粥都非常方便。

白粥

　　头天晚上先将白粥熬好，放入冰箱冷藏，或者预约电饭锅煮粥，早上起来就可以直接
利用现成的白粥加入其他配料煮成自己想吃的口味粥了。如果想要吃皮蛋瘦肉粥，还可以
头天晚上将瘦肉和皮蛋切好放入保鲜盒里，冷藏保存。早上一起来先将白粥和配菜放入锅里，
开火炖煮，再去刷牙洗脸，等你把自己收拾整齐，皮蛋粥也好了。

如何自制百搭酱料汁

各种风味的酱汁在料理里起着画龙点睛的作用，让本来平淡味寡的料理变得鲜活，让舌尖享受五味的激荡。给大家推荐几款百搭的酱汁做法，在早餐中一定会用得到。

 黄豆酱

黄豆酱是中国老百姓家中常备的一种酱汁，选取新鲜黄豆煮熟后发霉酿造，口感独具一格，是我们的传统美味食品。

主料：黄豆 2000g。

配料：面粉 1500g，盐适量。

做法：

Step1：将泡好的黄豆用高压锅炖熟。

Step2：沥干黄豆后盖上布放在通风处让其发霉。

Step3：在 20~25℃的温度下 15 天即可发霉成功。

Step4：将盐、辣椒粉等佐料与发霉的黄豆拌匀。

Step5：将拌好的黄豆酱装入玻璃瓶里密封保存。

Step6：一个星期之后就可以开盖食用了。

Tips：

1. 整个过程都要保持卫生，以免滋生细菌。

2. 捂豆子不要总是偷看，也不要发霉过头。

 蒜蓉酱

很多人受不了大蒜那种辣味，却独爱蒜蓉酱里的蒜香味。不管是凉菜还是炒菜，都可以放一勺，比直接放蒜粒更香。

主料：蒜 300g。

配料：色拉油 1 勺，盐 1/2 勺，鸡精适量。

做法：

Step1：用刀背拍一下大蒜，剥去外皮。

Step2：将蒜粒仔细切碎后放入捣蒜的器皿中。

Step3：加入盐后将蒜粒捣成粘稠状。

Step4：将油烧热后倒入蒜蓉中搅拌均匀。

Step5：再加入少许鸡精，搅拌均匀。

Step6：待蒜蓉酱冷却后装入保鲜盒放冰箱冷藏。

Tips：

1. 也可以把蒜泡在水中，蒜湿后可以轻松剥掉外衣。

2. 盐要少放一些，但不能不放，放了盐的蒜，更容易把蒜汁捣出来。

甜面酱

　　甜面酱是以面粉为主要原料，经制曲和保温发酵制成的一种酱状调味品，其味道是甜中带咸，同时有酱香和酯香，适用于烹饪酱爆和酱烧菜。

主料：白糖 20g，面粉 40g。

配料：色拉油 1 勺，水 6 勺，鸡精适量，老抽 1 勺，十三香 1/4 勺，盐半勺，白砂糖 1 勺。

做法：

Step1：锅内放少许色拉油以免面糊粘锅。

Step2：面粉与水的比例为 1:3，加入十三香拌匀。

Step3：用小火慢慢顺着同一方向搅拌面糊。

Step4：加入老抽、白砂糖、盐，继续煮 2 分钟。

Step5：最后加入适量的鸡精搅拌均匀。

Step6：利用余温放半勺色拉油搅匀，冷却后即可装瓶。

Tips：

1. 这个酱的味道取决于所用老抽的味道。

2. 酱里有结块是正常的，自家手工做的，不可能像外面卖的那么细滑。

黑椒酱

　　黑椒酱是胡椒粉和各种调味合成的调味品，用来做黑椒牛排或者黑椒鸡肉非常入味，还能够去除腥味。

主料：黑胡椒粉 5g，洋葱 10g。

配料：大蒜 5g，食盐 2g，蚝油 5g，番茄沙司 15g，白糖 2g，黄油 5g。

做法：

Step1：首先将洋葱和大蒜切成碎末。

Step2：黄油入锅融化后放入洋葱大蒜煸炒。

Step3：将黑胡椒粉倒入，快速炒出香味。

Step4：锅内倒入适量清水，转小火煮沸。

Step5：倒入番茄沙司、蚝油、糖和盐继续煮。

Step6：待汤汁变浓稠后关火后继续搅拌至变凉。

Tips：

1. 所有材料混合均匀，煮至沸腾即可。

2. 如果黑椒酱太稀可以适量勾芡。

可以提前一晚制作的早餐

做早餐并不是一个兴趣爱好或是闲来无事的临场发挥，而是安排好自己的日常生活并获得健康体质的必备技能。晚上睡觉前一边和家人聊天一边准备明天的早餐，这是一种美好的希冀和期待。

 蒸粗粮

晚上睡觉前将粗粮（土豆、玉米、山药或红薯）蒸熟，蒸锅约25分钟，高压锅约10分钟。蒸熟后晾凉放在冰箱内保存，早上起来切成厚块用微波炉加热，搭配辣椒酱食用。

 厚蛋烧

平底锅抹上少许色拉油，取适量的蛋汁放于锅内，中火慢煎至蛋半熟时，将蛋皮对折至靠近身体一方的锅边，空出的半边锅内再涂抹上少许色拉油，倒入适量的蛋汁并稍微掀起之前于锅边的蛋皮，好让蛋汁可布满整个锅内，待蛋皮煎至半熟时，将蛋皮对折至靠近身体一方的锅边，并重复之前所述的步骤，一直到蛋汁用完。

 土豆浓汤

被打成泥状的土豆和牛奶在一起，不仅有牛奶的奶香，还有土豆粘稠的口感，特别是汤里添加的小茴香，让沉睡了一晚上的味觉瞬间被唤醒。富含热量的土豆让你一上午都能体力充沛，晚上做好后早上用微波炉热一下就行。

 水饺

早上想吃饺子，如果要从擀皮剁馅开始，那肯定要一大早就起来张罗，但是有时候早上就是很想吃饺子怎么办？很简单，周末在家时多包一些饺子，用保鲜袋预先分别装好合适的份量，早上起来直接把饺子放入锅里煮熟即可，也可以做成蒸饺，还能顺便装入饭盒里做午餐便当。

 ### 切片面包

晚上和好面团放进冰箱，第二天拿出回温醒发就可以烤制了。用"冷藏液种发酵法"来做面包，制作流程可以拆开分次完成，让一部分面团预先在冰箱里低温发酵了 20 个小时，这样可以缩短最后的制作时间，在没有足够时间的情况下是很不错的选择。

 ### 汤羹或面条

汤羹或面条，可以在晚上的空闲时间熬好不同口味的高汤，分装在容器内冷藏或冷冻，在烹饪时用来调理出天然的鲜味，还可以避免使用鸡精之类的添加剂。

剩饭剩菜大变活力早餐

有些吃剩的饭菜经过我们的巧手巧思也能摇身变成另一道美味，比如米饭、炖肉、浓汤等易于保存的，只要冷藏好就不会滋生细菌，但青菜类的剩菜最好不好留到第二餐，以免对身体有害。

 锅巴

原料：剩饭 500g。

调料：芝麻 50g，孜然粉 10g，生粉 100g，盐适量。

做法：

Step1：将剩饭放在大汤碗里。

Step2：撒上孜然粉和生粉。

Step3：来回翻拌均匀。

Step4：倒入芝麻拌匀后捏成小球形。

Step5：案板上放点水，将圆球擀成扁状。

Step6：用模具压出心形，入油锅炸熟即可。

Tips：
如果你用的是冷米饭，要先加热一下，方便成型。

 沙茶牛肉饭

原料：牛肉200g，米饭1碗，鸡蛋2个，青椒1个，胡萝卜适量，葱花少许。

调料：酱油 1 勺，水淀粉 1 勺，沙茶酱 3 勺，江米酒 1 勺，胡椒粉 1 勺，鸡精适量。

做法：

Step1：牛肉切成薄片，放到碗里加水淀粉上浆。

Step2：胡萝卜和青椒切成小块，鸡蛋打散。

Step3：锅中倒油，下牛肉片和胡萝卜青椒煸炒。

Step4：倒入蛋液，炒匀后加入沙茶酱煸炒。

Step5：再加入酱油、米酒和胡椒粉略微炒一下。

Step6：最后放入剩饭，炒匀撒上葱花即可。

Tips：
凉米饭最好先用微波炉加热，这样处理，米饭在炒制时会很松软，不会有疙瘩。

辣白菜粉丝汤

原料：辣白菜汤 1 碗，土豆 1 个，粉丝 100g，小葱 1 根，老姜 1 块。

调料：盐适量，鸡精适量。

做法：

Step1：锅内倒油，放入葱姜炒出香味。

Step2：将土豆削皮切片，入锅翻炒。

Step3：把辣白菜汁倒入翻炒几下，加清水煮开。

Step4：待土豆片煮熟后放入粉丝继续煮。

Step5：打开锅盖煮熟粉丝，避免糊锅。

Step6：最后加入鸡精盛出即可。

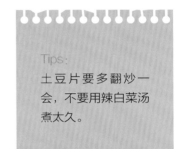

Tips:
土豆片要多翻炒一会，不要用辣白菜汤煮太久。

 咖喱乌冬面

原料：咖喱汤汁，面条，洋葱 100g，土豆 1 个，胡萝卜半根，西兰花半颗。

调料：盐适量。

做法：

Step1：将蔬菜洗干净，滚刀切成块状。

Step2：热锅放油加入蔬菜煸炒一下。

Step3：将咖喱汤汁倒入锅内，加适量清水。

Step4：盖上锅盖，熬煮 5 分钟左右。

Step5：面条下锅煮熟后，沥干装入碗中。

Step6：将咖喱倒在面条上即可。

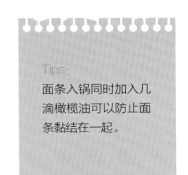

Tips:
面条入锅同时加入几滴橄榄油可以防止面条黏结在一起。

厨房用具简化早餐流程

设计科学的厨房用具就像是我们做早餐的好帮手，有了它们可以事半功倍，也可以让我们更加得心应手，爱上做早餐。

电饭煲

微电脑式的电饭煲可以24小时智能预约时间，还能针对米的种类选择相应的烹饪方式，无论是煲粥还是煮饭都能轻松搞定，就算在睡梦中也能让电饭煲自动为你工作。

面包机

面包机集和面、发酵、烘烤于一体，随着科技的进步，其做出的面包口感也越来越好吃，深受广大消费者的喜爱。

五谷豆浆机

现在的豆浆机都不用再费心泡豆，直接干豆研磨，360°立体环绕加热，只要把豆子放入豆浆机里，再放入适量的水，就可以去洗漱了。

酸奶机

有了酸奶机再也不用在外面买酸奶了，将纯牛奶和酵母按比例放入内胆里，就可以轻松做出健康减肥的酸奶了，而且很多酸奶机还能制作米酒，功能多样。

电饼铛

电饼铛不仅可以用来制作烧饼，还可以烤牛排、鱼肉等，小巧方便，只需少量食油就可以烤出一篮烧饼，安全又健康。

高压锅

高压锅用来煲汤炖菜真是一把好手，在高压的情况下，可以缩短炖汤的时间，在短时间内做出味美香浓的美食。

煮蛋器

很多人煮蛋时拿捏不好时间，常常把鸡蛋给煮破了，有了煮蛋器的帮忙就再也不用担心这些问题了，自动断电的功能也更有安全保障。

原汁机

原汁机采用粗网出汁的方式，将果肉打入果汁中，喝起来别有风味。它强悍的出汁能力和浓稠的果汁绝对是你的厨房好帮手。

咖啡机

滴滴香浓，意犹未尽。早餐喝一杯咖啡，能够轻扫昨夜余留的困意，焕发精神，让大脑迅速清醒起来，这当然少不了一个好的咖啡机的帮忙。

电动打蛋器

想要做个蛋糕，手拿筷子打蛋白打到脱臼都无法打出绵密的泡沫，做出来的蛋糕又怎么会好吃？这当然需要电动打蛋器的帮忙，只需轻轻按下按钮，就可以打出你想要的蛋白泡沫。

电炖锅

电炖锅是通过加热主体的水对内胆食材进行炖煮的，这种方法可以使材料和汤汁受热均匀，营养不流失。非常适合炖红枣莲子等滋补品。

空气炸锅

空气炸锅利用独特的高速空气循环技术，与传统电炸锅相比，需油更少或根本无需用油既可让你煎炸、烧烤、烘焙出脂肪量极少的美味点心。

幸

福

早

餐

Chapter 2

中式早点

传统美味更值得传承

传统的味道也是妈妈的味道，
热气腾腾的饺子，香气四溢的包子……
是深深印在我们脑海里属于记忆的味道。
做一道传统的中式早点，
是爱的延续，也是文化的传承。

菠菜干拌面

中难度　25分钟　1人份

菠菜面，陕西的一种汉族特色面食，是加入菠菜粉和面做成的一种面条。自己在家制作菠菜面不含任何增白剂、滑石粉等食品添加剂，吃起来更放心。

做起来很简单

① 菠菜放入锅中焯一下，捞出沥干水分。

② 将沥干后的菠菜切碎，切得越细越好。

③ 把菠菜泥放入加了盐的面粉里搅拌。

④ 揉成光滑有些硬性的面团，静置20分钟。

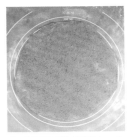

⑤ 把面团擀成薄片，上面撒一些面粉。

⑥ 切成面条状，放在通风处晾干。

⑦ 用手抓起面条抖一下，把面粉抖掉。

⑧ 沸水煮菠菜面5分钟，捞出沥干拌入配菜。

准备这些别漏掉

面粉200g，菠菜200g，盐少许

厨房私语

1. 面和得硬一些会比较好切。
2. 撒入一些面粉再切成面条可以防粘。
3. 用菠菜泥过滤后的汁液来做面条，口感更细腻。

葱油拌面

葱油拌面是一道美味可口的汉族名点，属于上海菜。作为江南地区的一个特色，是将煮熟的面条放上葱油一起拌着吃。面筋道，味独特，和阳春面一样是制作简单但非常美味的一道面食。

准备这些别漏掉

面条1把
虾仁5克
葱段1把
酱油2勺
白砂糖2勺
油少许

① 葱花洗净后切成1寸左右的葱花段。

② 备好适量酱油和白砂糖，放置一旁备用。

③ 锅烧热，倒入适量油，放入葱段小火翻炒。

④ 炒至葱段成焦黄色后倒入酱油。

厨房私语

1.炒葱花时一定要用小火慢慢翻炒，不然葱段很容易糊。

2.油稍放多一些可以拌入面中，口感更好更香。

3.虾仁要先用水浸泡20分钟左右，再清洗干净。

⑤ 拌匀后倒入白砂糖翻炒均匀后备用。

⑥ 虾仁放入锅中，用油爆炒至金黄色。

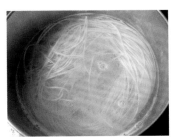

⑦ 锅中装水烧开，放入面条煮熟滤干。

⑧ 在装好的面条上放入油葱和虾仁即可。

萝卜牛腩面

中难度　40分钟　2人份

萝卜牛腩做汤头，清爽可口，而且牛腩的含铁量非常高，对贫血人群有很好的食疗作用，多吃能够增强人体免疫力。

做起来很简单

① 首先用刀背拍打一下牛腩，然后切成大块。

② 锅内烧开水，把牛腩放入锅中去血水。

③ 用筛子把牛腩过滤出来，用冷水冲洗干净。

④ 将洗干净的牛腩改刀切小块。

⑤ 将牛腩倒入锅中焙干水份备用。

⑥ 锅中倒入少许油，放入沙姜和八角炒香。

⑦ 把牛腩倒入锅内翻炒，再入酱油调味。

⑧ 然后加水入高压锅内炖20分钟，捞出后拌在面条里即可。

准备这些别漏掉

面条一把，牛腩500g，白萝卜1根，水200g，八角少许，沙姜少许，酱油适量

厨房私语

1. 萝卜牛腩可以提前一晚煮好，第二天用牛腩汤煮面即可。

2. 牛腩焯水时加入一些生姜片可以去除腥味。

3. 炖牛腩时加几滴白醋可以加快牛腩的软熟。

蛋包饭

中难度　　25分钟　　1人份

给隔夜的米饭穿上一层华丽的蛋皮外衣，既美味又简单，还有小小情调，香而不腻的炒饭与滑嫩诱人的蛋皮完美结合，让人垂涎欲滴。

准备这些别漏掉

鸡蛋 2 个
米饭 1 碗
青豆 25g
玉米粒 25g
番茄丁 25g
黄瓜丁 25g
番茄酱少许
盐少许

🍽 🍲 ☕ 🫖

厨房私语

1. 新手可以在鸡蛋里多放点太白粉也就是马铃薯淀粉，然后加一点水搅匀。

2. 用来炒饭的米饭，最好是隔夜的。这样炒出来的米饭会一粒粒分开，比较好吃。

3. 蛋包饭的炒饭材料可以随个人喜好随意搭配，不需要按照食谱做到每样材料都一样。

做起来很简单

① 先准备好青豆粒、玉米粒、番茄丁和黄瓜丁等炒饭材料。

② 锅内放少许油，倒入备好的材料和米饭翻炒。

③ 加入番茄酱继续翻炒，待米饭上色均匀后铲出备用。

④ 鸡蛋加少许盐，用打蛋器开低档搅拌均匀。

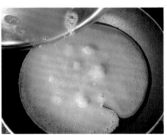

⑤ 平底锅内倒入少许油，倒入蛋液摊成蛋皮。

⑥ 待蛋皮凝固到摇晃平底锅可移动时翻面。

⑦ 将炒好的米饭放入蛋皮一侧，用勺子整理压实。

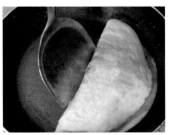

⑧ 用锅铲将蛋皮对折，轻轻按压后装盘即可。

蛋饺

中难度　30分钟　2人份

蛋饺，顾名思义就是以鸡蛋为皮包的饺子。蛋饺不但做法简单，而且可以变换多种吃法，做好的蛋饺可以了蒸了直接吃，也可以配上青菜和蘑菇来做汤吃，味道都非常好，营养还丰富。

做起来很简单

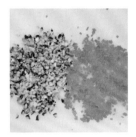

① 将胡萝卜和香菇切成小丁状备用。

② 将胡萝卜碎和香菇碎加入肉末中。

③ 再加入芝士和少许酱油搅拌均匀。

④ 将蛋打散，加入盐和少许水。

⑤ 平底锅刷油，舀一勺蛋液摊成蛋皮。

⑥ 放一勺肉末馅料在蛋饼的一侧。

⑦ 铲起另一侧蛋皮对折盖上。

⑧ 继续在锅里小火煎5分钟即可。

准备这些别漏掉

肉末300g，胡萝卜1/4根，香菇2个，鸡蛋2个，芝士粒30g，盐少许，酱油少许

厨房私语

1. 蛋液要打得均匀，直到舀时不再黏稠，这样摊出的蛋皮才好看。

2. 可以把肥猪肉切成大块，用筷子夹着涂抹锅底，这样做出的蛋饺更好吃。

3. 蛋皮不要煎得太老，以免蛋饺边不能粘在一起。

豆渣玫瑰馒头

中难度　　35分钟　　2人份

即使是最常见的馒头也可以花样百出，比如这款玫瑰花馒头，白的素雅清淡，加入一些红色的食用色素也可以变得娇艳如火。豆浆滤掉的豆渣营养极高，扔掉十分可惜，用来做馒头非常好吃。

准备这些别漏掉

面粉 200g

豆渣 100g

水 40g

酵母 2g

白砂糖 20g

厨房私语

1. 发酵好的面团要揉到气体全部排出，蒸出来的馒头表面才会光滑。

2. 豆渣有湿度，所以水量要根据实际情况增减。

3. 放入蒸笼里的每个馒头面团要隔开一段距离，蒸的时候馒头会膨胀。

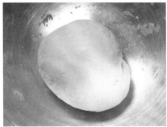

① 把酵母、白砂糖和温水混合，再慢慢加入豆渣和面粉，边加边揉，揉至"面光、盆光、手光"。

② 盖上保鲜膜室温发酵至两倍大后取出。

③ 在台面上撒上一些面粉，揉到面团把气排出、表面光滑。

④ 把面团搓成长条形后切成大小均匀的小面团，擀成圆片。

⑤ 如图叠成 6 片，用筷子压出一道压痕，使每片圆片粘在一起，另外搓一根小面团条做花蕊。

⑥ 把花蕊放在第一片圆片上，向上卷，卷好后稍稍将中间捏紧。

⑦ 刀抹上少许面粉，把面团从中间切开，静置醒发 15 分钟。

⑧ 将面团放入蒸笼里大火蒸 15 分钟，关火后过三分钟再揭开盖子取出。

豆渣窝窝头

用自制五谷豆浆的豆渣与玉米面混合后做成窝窝头，营养健康又好吃，粗纤维膳食有利于帮助消化。口感扎实有韧劲，是不错的面食点心。

做起来很简单

① 将面粉用筛子过筛，把成坨的面粉捏碎。

② 将过筛后的面粉倒入过筛好的玉米粉中。

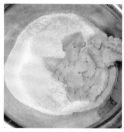

③ 加入滤干水分的豆渣和适量的白砂糖。

④ 一边加入水一边搅拌，拌成团即可。

⑤ 蘸取少许水，将面团分成每个约35g的小面团。

⑥ 四指并拢旋转着将小面团捏成厚度均匀的窝窝头形状。

⑦ 碟子抹少许油，均匀摆上窝窝头。

⑧ 将窝窝头放入锅中，中火蒸15分钟即可。

准备这些别漏掉

玉米面粉150g，豆渣100g，高筋面粉50g，酵母3g，水60g，白砂糖40g

厨房私语

1. 在揉面时，由于玉米面粉没有筋性，所以不需要揉太久，揉成团即可。

2. 水的量可根据豆渣的湿度作适当调整。

3. 可以在窝窝头顶放一颗红枣或蜜饯做装饰。

韭菜盒子

中难度　　30分钟　　3人份

韭菜盒子看起来就像一只放大版的饺子，在锅中经过烙或者油煎后趁热咬上一口，鲜嫩、喷香、无法言喻的爽口。因为是素馅的，吃起来也不会肥腻，口感也好。

低筋面粉100g

韭菜1把

鸡蛋2个

水80g

盐少许

厨房私语

1. 煎盒子时用锅铲压一下，让盒子受热更均匀。

2. 韭菜盒子的面皮不要太厚，以免影响口感还不易熟。

3. 韭菜可提前洗净沥干水分，这样拌出来的韭菜馅才不会出水。

做起来很简单

① 低筋面粉倒入约80℃的热水，搅成面团。

② 揉成光滑面团，盖上保鲜膜静置20分钟。

③ 仔细挑选和清洗韭菜，然后切碎。

④ 鸡蛋搅碎，倒入碎韭菜和盐继续搅拌。

⑤ 韭菜蛋液倒入锅中炒熟后盛出备用。

⑥ 将小面团擀成薄饼，加入馅料包成饺子状。

⑦ 仔细将盒子边缘捏合，避免开口。

⑧ 平底锅放少量油，用小火煎至两面金黄即可。

葱油饼

低难度

30 分钟

3 人份

葱油饼是中国老百姓家中一道常做食品，主要材料为面粉和葱花，口味香咸酥脆、制作方便简单，是老少皆宜的早餐选择之一。

准备这些别漏掉

面粉 300g
鸡蛋 1 个
葱花 2 把
水 150g
油 50g
盐少许

厨房私语

1. 调制葱花时还可加入辣椒油或芝麻酱来增加不同风味。

2. 趁热吃才能领略到葱油饼的酥脆。

3. 在葱油饼上洒一层芝麻，美味升级。

做起来很简单

① 葱花切碎，加入盐和油搅拌均匀。

② 面粉、水和鸡蛋揉成光滑面团，分成6份。

③ 将一份小面团用擀面杖擀成长方形薄面饼。

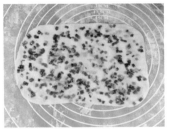

④ 将拌了油的葱花铺满在面饼上。

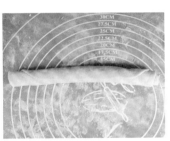

⑤ 从下往上把面饼卷起成长条状。

⑥ 再从右往左把长条面团卷成卷。

⑦ 接着用擀面杖将裹了葱花的面卷擀平。

⑧ 放入平底锅内中火煎成两面均匀上色即可。

41

山药红豆饼

 中难度　 45分钟　 3人份

山药和红豆都是健脾固肾的好食材，用来做煎饼，既好吃又有益健康，将山药的清香与豆沙的软糯完美地结合起来，美味与营养并重，绝对是值得一试的佳品。

做起来很简单

① 将山药去皮后切成片状，用水煮熟。

② 捞出滤干水分，装入碗里用勺子碾成泥。

③ 加入红豆沙和白砂糖继续搅拌均匀。

④ 接着加入淀粉，增加山药饼的黏性。

⑤ 顺着同一方向不停搅拌5分钟。

⑥ 将红豆山药泥揉成如图大小的球形。

⑦ 将山药球放入刷了油的平底锅内，用锅铲压扁。

⑧ 用小火反复煎至两面上色即可。

准备这些别漏掉

山药1/2个，红豆沙80g，淀粉20g，白砂糖30g

厨房私语

1.顺着同一方向搅拌一段时间能使山药泥更有弹性。

2.山药泥不用碾得太细，吃起来有小颗粒的口感更佳。

3.可以用烤箱直接烘烤山药饼，更加方便快捷。

胡萝卜丝蛋饼

低难度　　20分钟　　2人份

有些人觉得胡萝卜有一股奇怪的味道，见到胡萝卜便拒绝食用。但是把胡萝卜擦成丝做成蛋饼后便闻其香，唯恐不够吃，而且做法简单，是经常出现在寻常百姓家早餐桌上的餐点。

准备这些别漏掉

鸡蛋 2 个
胡萝卜 1/2 根
牛奶 15g
面粉 20g
葱花 1 把
盐少许

厨房私语

1. 煎饼时锅内多加入一些油能使胡萝卜更香，维生素更丰富。

2. 在蛋饼里加入一些酸菜更开胃。

3. 将面粉换成糯米粉，口感更加软糯。

① 胡萝卜切丝，用开水焯一下。

② 鸡蛋加入牛奶拌匀。

③ 面粉过筛倒入蛋液中。

④ 加入盐，轻轻拌匀。

⑤ 小葱洗干净后切碎。

⑥ 蛋糊加入胡萝卜丝和葱花。

⑦ 把胡萝卜丝面糊倒入锅中慢煎。

⑧ 煎至蛋液凝固即可出锅装盘。

米饭煎饼

中难度

35分钟

1人份

米饭煎饼有点像小时候吃的锅巴，但是加入蛋和盐等调味之后变得酥脆可口，比市面上买的饼干更加美味健康，早上用米饭煎饼配豆浆，绝对是美好一天的开始。

准备这些别漏掉

鸡蛋 2 个
米饭一碗
盐少许

厨房私语

1. 可按个人喜好加入碎
蔬菜，营养更丰富。

2. 盐可换成白砂糖做成
甜味米饭蛋饼。

3. 饭团煎好之后趁热吃
非常香脆，完全冷却之后
比较硬。

做起来很简单

① 首先准备好鸡蛋、米饭和盐巴等
食材。

② 鸡蛋加入少许盐，用打蛋器搅
拌均匀。

③ 将冷藏过的剩米饭轻轻倒入蛋
液里。

④ 搅拌至米饭成颗粒分明，完全
跟蛋液融合。

⑤ 平底锅烧热刷油，把米饭蛋液
倒入锅中。

⑥ 将米饭蛋液用锅铲铺匀，并压
平整。

⑦ 晃动锅移动蛋饼，将两面都煎
至金黄。

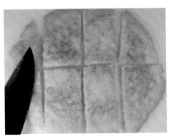

⑧ 米饭煎蛋出锅后切成小片装盘
即可。

面条蛋饼

 中难度　 20 分钟　 1 人份

没有做不到只有想不到，不必惊讶面条也能做成饼来吃，它的美味会让你更惊讶。早上起来不妨在家试试这道面条蛋饼，给你的菜单加一项有趣的选择。

做起来很简单

① 肉末放入姜片和酱油腌一小会儿。

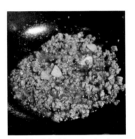

② 黄瓜切粒，加入肉末炒熟盛出备用。

③ 沸水煮熟面条，用过筛网把面条捞出滤干。

④ 平底锅内刷一层油，铺上干面条，摊平。

⑤ 鸡蛋加盐打散，倒入面条中。

⑥ 小火煎至蛋液稍凝固时翻面继续煎。

⑦ 把黄瓜肉末均匀铺在面条蛋饼上。

⑧ 用锅铲将面条蛋饼对折，压一下即可出锅。

准备这些别漏掉

面条 1 把，肉末 200g，鸡蛋 1 个，黄瓜少许，姜 2 片，酱油少许

厨房私语

1. 面条少放一些蛋饼更容易对折成型。

2. 肉末料也可加入甜椒、韭菜等配料。

3. 想口感脆一点的可用小火煎得时间久一些，想口感软一点的可增加蛋液。

可乐饼

中难度   40 分钟   1 人份

可乐饼是从法国传入日本，在日本兴旺发达起来，其口感外皮酥脆，内馅柔软可口，在我国也受到很多人的喜爱。

准备这些别漏掉

肉末 80g
土豆 1 个
洋葱 1/2 个
盐少许
油适量

厨房私语

1. 土豆泥还可加入胡萝卜碎等搭配更具营养。

2. 捏土豆泥饼时可戴一次性手套就不会粘到手而使饼不好成型。

3. 制作可乐饼，土豆是灵魂材料，其他的材料都可以依据个人喜好替换。

做起来很简单

① 土豆削皮后切成片状备用。

② 水烧开，放入土豆片煮熟。

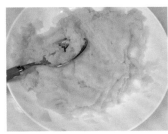

③ 将土豆片捞出滤干后，用勺子压成泥。

④ 将洋葱切成碎粒。

⑤ 洋葱和肉末放入油锅中炒熟。

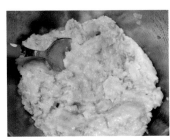

⑥ 将洋葱肉末拌入土豆泥中。

⑦ 将土豆泥捏成饼状，然后裹上面包糠。

⑧ 最后将土豆泥放入油锅炸至两面金黄即可。

糯米丸子

晶莹剔透的糯米，包裹着香嫩美味的肉丸子，味道鲜美又不会觉得腻，而且还能耐饿，不用担心还没到午餐时间肚子就咕咕叫了。

做起来很简单

① 把姜和葱花切碎，放入肉末里。

② 倒入酱油、料酒以及淀粉。

③ 戴上手套抓匀肉末，腌20分钟。

④ 把肉末揉成小丸子状。

⑤ 糯米提前一晚泡冷水。

⑥ 用肉末丸子沾满滤干的糯米。

⑦ 每颗糯米丸子摆上一颗枸杞点缀。

⑧ 放入锅中，以中火蒸20分钟。

准备这些别漏掉

肉末300g，糯米80g，姜10g，葱花1把，枸杞少许，淀粉5g，料酒少许，酱油少许

厨房私语

1. 糯米要提前泡水或用热水泡 4 小时左右才容易蒸熟。

2. 把糯米放在碗里摇晃，来回多滚几次，裹的比较均匀，糯米也不容易洒出来。

3. 肉丸里面加入蛋清，可以适当增加黏度，更容易粘满糯米，也会使肉丸更有弹性。

生煎包

中难度

50分钟

3人份

煎包底酥、皮薄、肉香，一口咬下去，肉汁裹着肉香、油香、葱香、芝麻香喷薄而出，那滋味无法言喻，只看大家埋头猛吃就知道多爽。

准备这些别漏掉

肉末 200g

面粉 200g

鸡蛋 1 个

葱花 1 把

水 150g

酵母 2g

盐少许

淀粉少许

生抽适量

油少许

芝麻少许

厨房私语

1. 此方法用于速冻包子或生包子都适用。

2. 最后倒入少许油煎制，可使包子底部香脆。

3. 馅的调味很重要，窍门是最后加少许糖提味。

① 把葱花、鸡蛋、盐、淀粉和生抽放入肉末中拌匀。

② 面粉、100g 温水和酵母揉成面团静置 30 分钟。

③ 将面团分为 20g 一个的小面团，用擀面杖擀成薄面皮。

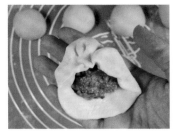

④ 用勺子舀入适量的馅料，将面皮边封口处捏出褶皱。

⑤ 将其他小面团也按照以上的方法做成生煎包的胚子。

⑥ 平底锅倒入少许油，生煎包均匀摆入锅内小火煎。

⑦ 倒入约 50 克水，盖上锅盖继续煎至锅中的油发出声音。

⑧ 锅内倒少许油，继续小火煎干水分，再撒上芝麻和葱花。

雪花煎饺

中难度

40分钟

1人份

在外面买的煎饺总会担心用油是否健康，倒不如自己在家做，跟着下面的步骤开始学，很快你也能做出酥脆可口的雪花煎饺了。

准备这些别漏掉

速冻饺子 8 个

淀粉 3g

水 75g

盐少许

① 首先在清水里加淀粉拌匀调成水淀粉。

② 平底锅刷油后放入饺子，小火慢慢煎。

③ 当饺子底部成金黄色时，把湿淀粉倒入锅中。

④ 接着调至到大火烧滚后改为中火继续煮。

厨房私语

1. 淀粉不要放太多，不然煎不成雪花状。

2. 饺子用速冻的或者水煮过的都可以。

3. 包饺子的时候在饺子皮外围用水蘸上少许，这样能够帮助捏合。

⑤ 盖上锅盖煮 3 分钟，再转成小火煮 8 分钟。

⑥ 转成大火，揭开盖子把锅内的水份蒸发掉。

⑦ 转小火煎至湿淀粉变成雪花状即可关火。

⑧ 晃动平底锅，雪花饺子能够移动后装盘即可。

酸汤面疙瘩

酸汤面疙瘩是我国北方非常普及的一道风味面食，看起来粗糙简单，可味道却令人回味，面块的筋道，搭配香滑酸辣的浓汤，是不可多得的开胃早点。

做起来很简单

① 面粉放入碗中，慢慢加入 20g 水。

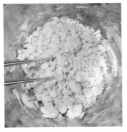

② 边加水边快速搅拌出小疙瘩。

③ 将沙姜、八角、桂皮和花椒加醋入锅煮。

④ 大火煮 5 分钟后用筛子捞出香料，转小火继续煮。

⑤ 煮到汤汁出醋香味后，倒入小疙瘩面团搅散。

⑥ 煮至面疙瘩浮起后，放入青菜然后关火。

⑦ 将辣椒油、酱油、白砂糖、盐和芝麻倒入碗中。

⑧ 把煮好的面疙瘩倒入调料碗中即可。

准备这些别漏掉

面粉 50g，青菜少许，水 95g，沙姜 3 片，八角 2 个，芝麻 5g，桂皮 1 片，花椒少许，醋 50g，辣椒油 40g，酱油少许，白砂糖少许，盐少许

厨房私语

1. 面粉要一点一点的加水，边加水边用筷子快速搅拌，防止面团粘在一起。

2. 酸汤要煮到醋香味出来才能使汤味更丰富。

3. 如果做给小朋友吃可以在汤汁里面冲泡牛奶。

猪肝烫粉

猪肝含有丰富的营养物质,具有保健功能,是最理想的补血佳品之一。猪肝烫粉非常适合做早餐,补肝明目,养气补血。

做起来很简单

① 木耳提前用清水泡发后清洗干净。

② 猪肝切片,加料酒和姜片腌 10 分钟。

③ 番茄、丝瓜等配菜切瓣待用。

④ 姜片和猪肝用清水煮 10 分钟后捞出沥干。

⑤ 用筛子装米粉放入沸水中烫熟,借助筷子搅拌。

⑥ 把番茄、丝瓜和木耳以大火炒至番茄出汁。

⑦ 放入沥干的猪肝加少许盐翻炒一小会儿即可关火。

⑧ 把烫好的米饭放入碗中,淋上番茄汁和猪肝等。

准备这些别漏掉

米粉80g,猪肝100g,木耳1小把,丝瓜1/2个,番茄1个,姜2片,料酒10g,盐少许,油少许

厨房私语

1. 腌猪肝时放多一些料酒可去掉猪肝的腥味。
2. 猪肝一定要煮熟吃,以免引发腹泻等症状。
3. 米粉不能烫太久以免过熟而易断。

猪肝粥

 中难度
 40 分钟
 1 人份

猪肝粥有非常好的滋补保健功能，老少皆宜。非常适合久坐在电脑前、爱喝酒的人食用，可以保护眼睛，排除体内毒素。

准备这些别漏掉

粥1碗
猪肝200g
姜5片
牛奶20g
芹菜1把
枸杞5颗
盐少许
胡椒粉少许

厨房私语

1. 用牛奶浸泡猪肝可有效去除腥味，使猪肝更鲜香滑嫩。

2. 时间充足的话，可用砂锅熬粥底，煮出来的粥更美味。

3. 一定要先用沸水焯一下猪肝，除去漂浮物。

做起来很简单

① 首先用电饭锅煮好白粥。

② 猪肝洗净切片。

③ 把姜切成薄片放入猪肝中。

④ 倒入牛奶拌匀腌制 20 分钟。

⑤ 将芹菜洗净切碎。

⑥ 把猪肝放入锅中焯出血水后捞出沥干。

⑦ 将猪肝和配菜放入白粥中继续煮 5 分钟。

⑧ 关火后撒入盐和胡椒粉拌匀即可上桌。

幸福早餐

Chapter 3

西式早餐

晨间带着舌头去旅行

一道餐饮即是一种文化，

从饮食中可看人世恩情，观山河变化。

偶尔也不妨领略一下异域的早餐文化，

在中西不同的早餐习惯中激发创意的灵感，

让舌尖在不同的五味配方中来一次痛快的旅行。

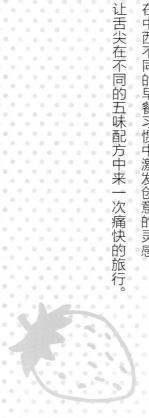

彩虹披萨

中难度　30分钟　2人份

红橙黄绿青蓝紫，漂亮的彩虹披萨充满了梦幻的色彩想象，每一口下去仿佛都能看见山涧前方的彩虹折射出的五彩光芒，是充满了幸福感的料理。

准备这些别漏掉

高筋面粉 200g

小番茄 4 个

胡萝卜 1/2 根

玉米粒 20g

青豆 25g

洋葱 1/2 个

马苏里拉奶酪 50g

水 60g

酵母 2g

番茄酱适量

盐少许

油少许

厨房私语

1. 不易熟的蔬菜要切小块一些或先焯水滤干再铺入面饼。

2. 用叉子在面饼上叉洞是避免烤的时候中间膨胀影响口感和美观。

3. 将番茄酱替换成椒盐或是蛋黄酱，可做出不同口味的彩虹披萨。

做起来很简单

① 备好材料，小番茄切片、胡萝卜和洋葱切碎。

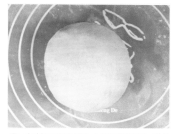

② 高筋面粉加温水加酵母揉成光滑面团，静置 30 分钟。

③ 用擀面杖把面团擀成匀称的薄面饼。

④ 用叉子在面饼上叉出均匀小洞，让披萨可以自由呼吸。

⑤ 挤上番茄酱，用勺子把番茄酱在面饼上涂抹均匀。

⑥ 撒上马苏里拉奶酪，用筷子将较厚的地方擀匀。

⑦ 把材料如图铺好，刷一层油，均匀撒上少许盐。

⑧ 烤箱预热 200℃烤 20 分钟后关火待冷却即可。

贝果汉堡

贝果汉堡和甜甜圈的外形很相似，都是圆圈状可爱又有趣。贝果的口感 Q 韧有嚼劲，淡淡的口味最大限度地保留食材本身的纯美风味。

准备这些别漏掉

高筋面粉 300g

鸡蛋 1 个

生菜 2 片

小番茄 2 个

白砂糖 15g

盐 5g

酵母 2g

水 150ml

红糖 30g

厨房私语

1. 用红糖水煮过的面团更松软。

2. 用糖水煮贝果时要注意给贝果翻身，让两面都煮透。

3. 如果不喜欢吃甜的，可以夹入肉酱或者里脊肉也很好吃。

① 把发酵好的面团分成均匀的小面团，将面团搓成 20cm 左右的长条。

② 将长条卷起，用压扁的一端包住圆的一段封口。

③ 将面团放入暖湿环境中发酵十分钟。

④ 将发酵至两倍大的面团取出静置 3 分钟。

⑤ 红糖水煮开后将面团放入沸水中煮 20 秒后滤出。

⑥ 烤箱预热，调至 180℃烤 15 分钟后关火。

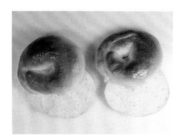

⑦ 将烤好的贝果面包横向切半。

⑧ 放上生菜，炒蛋和小番茄片，撒入少许盐和胡椒粉。

三明治

三明治是最方便制作又方便携带的美味早餐，酥脆的吐司以及美味丰富的配菜让你的西洋早餐看上去非常养眼又口感十足。

准备这些别漏掉

吐司 3 片
黄瓜 5 片
番茄 2 片
培根 2 片
鸡蛋 1 个
生菜 1 片
芝士片 1 片
蛋黄酱少许

厨房私语

1. 可切掉方面包的四周硬边，口感更松软。

2. 煎好培根后立即铺在芝士片上，可用热度把芝士融化，口感更好。

3. 泡一杯阿华田奶茶提提神，开启一天正能量。

1 取三片吐司用面包机或烤箱烤至微脆。

2 在烤吐司的同时，将黄瓜、番茄洗净切片。

3 加热平底锅，将培根和鸡蛋煎熟。

4 将生菜、培根、芝士片铺在第一片土司上，涂上蛋黄酱。

5 盖上第二片土司片，将黄瓜、番茄、煎蛋铺在第二片土司上，涂上蛋黄酱。

6 盖上第三片土司片，用手压一下，让整个吐司紧贴。

7 铺上一块培根，涂上蛋黄酱。

8 将做好的土司沿对角线切开成两个三角形。

蒜香面包西柚沙拉

西柚是一种纤维含量很高的水果，清晨用其制作沙拉可以加速肠胃蠕动，帮助排出宿便，加入面包以及西兰花等配料让沙拉更能饱腹。

做起来很简单

1 取 1 片吐司切成正方形小块。

2 蒜末加入黄油和盐倒入碗中拌匀，放进微波炉加热 1 分钟。

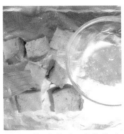

3 把黄油蒜末刷满整个吐司块，让其入味。

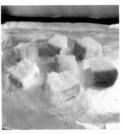

4 将刷好酱的吐司放入烤箱，以 180℃烤约 5 分钟。

5 小番茄、生菜洗净切片，西柚去皮取小块果肉。

6 将所有素菜都放入沸水里焯熟。

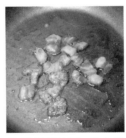

7 培根切块后，放入锅中煎至表面微焦。

8 把材料都放入盘中，挤上蛋黄酱，摆入蒜香面包块。

准备这些别漏掉

吐司 1 片，西兰花 1 小朵，生菜 2 片，小番茄 2 个，大蒜 2 瓣，玉米粒少许，西柚适量，黄油 10g，盐少许

厨房私语

1. 面包块烤至发出蒜香味，表面变为金黄色即可。
2. 面包块上可撒少许葱花一起放入烤箱烘烤。
3. 如果为这道特别的菜配点饮品，巧克力牛奶是最适合的，二者结合，口感微妙至极。

香蕉吐司卷

低难度　　20分钟　　1人份

香蕉既是美味的水果，用于制作菜品也是不错的选择。香蕉吐司卷外酥里嫩，淡淡的甜味能够满足家里每个人的味蕾。

准备这些别漏掉

香蕉1根
鸡蛋1个
面粉60g
牛奶70g
朗姆酒5g
白砂糖20g
盐少许

厨房私语

1. 香蕉要选细一点的或吐司包不完的话把香蕉切细一点。

2. 淋上巧克力酱或蘸白糖口感更佳。

3. 搭配一杯自制胡萝卜汁，可补充胡萝卜素，保护眼睛。

做起来很简单

1 吐司切掉四边，用擀面棍压扁。

2 香蕉剥皮，用吐司片卷起。

3 用牙签固定香蕉吐司卷。

4 另一片吐司切小块，放入烤箱170℃烤8分钟。

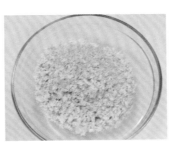

5 把烤脆的吐司用擀面杖压成粉末状做成面包糠。

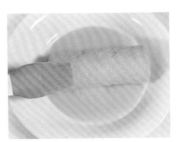

6 鸡蛋搅拌均匀，把包了香蕉的吐司裹上蛋液。

7 把裹了蛋液的吐司均匀地蘸满面包糠。

8 锅内放适量油，小火炸吐司卷，呈金黄色时捞出切块即可。

肉松沙拉吐司卷

高能的沙拉卷能够补充一天的能量，蔬菜以及肉的搭配恰到好处，无论是蛋白质和维生素都对身体非常好。

做起来很简单

1 取一片吐司切掉四边，用擀面棍将其压扁。

2 摘下一片生菜叶洗净，铺在吐司片上。

3 在铺好的生菜叶上均匀地撒上肉松。

4 将小番茄洗净切片，并放到肉松上。

5 甜玉米粒用水煮熟后，沥干水撒到番茄上。

6 铺好所有的材料后，挤上适量的沙拉酱。

7 把吐司整个卷起，在收口处挤少许沙拉酱把吐司片粘起。

8 将卷好的沙拉吐司卷用刀切半即可。

准备这些别漏掉

吐司1片，生菜1片，小番茄2个，肉松20g，甜玉米粒少许，沙拉酱少许

厨房私语

1. 吐司片压扁后比较好卷起。
2. 配料放太多会导致吐司卷不成型。
3. 两个沙拉卷可能不够饱，再搭配烤芦笋小番茄和饮品更为合适。

网纹肉松面包

在闲暇的周末清晨，制作网纹肉松面包会让双休更充满爱意，填补好肚子，开始好地享受美好的休闲时光吧。

做起来很简单

1 把除了肉松、黄瓜和番茄的材料放入面包机揉成光滑面团，静置至两倍大。

2 从面包机中取出面团，分成 7 小份，揉圆后盖上保鲜膜松弛 15 分钟。

3 将松弛好的面团，用擀面杖擀成长扁形状。

4 将压好的面团从上往下卷成细长的橄榄形。

5 将面团间隔开摆入烤盘放入烤箱，放一杯温水，关上烤箱门发酵到两倍大后拿出。

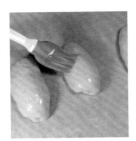

6 在发酵好的面包团上均匀地刷一层蛋液，让面包更有光泽。

7 用蛋黄酱挤出网纹的形状，即可放入烤箱。

8 烤箱预热，180℃烤15 分钟，拿出后在面包中间切一刀，夹入配菜即可。

准备这些别漏掉

高筋面粉200g，鸡蛋1个，肉松适量，黄瓜适量，番茄适量，牛奶90g，酵母3g，细砂糖40g，盐少许，黄油25g

厨房私语

1. 温水蒸发出水蒸气，能使面团在温暖潮湿的环境下发酵。

2. 面包口不要切得太深，以免放料的时候面包断裂。

3. 给迷你网纹肉松面包搭配一份双菇炒扁豆，以及一杯鲜榨果汁也很重要。

豆沙花形面包

像一支怒放的花朵，惊艳了这个平平淡淡的早晨。既饱了眼福也满足了口福，用随遇而安的心态过一段精雕细琢的生活。

做起来很简单

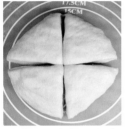

1 将面团分成四份，揉成小面团静置备用。

2 将小面团压成扁圆，放入25g的豆沙馅。

3 将豆沙馅包入面团里，捏紧封口揉成圆球形。

4 用擀面杖把面团轻轻擀成扁圆形。

5 用刀在面团边缘上竖着均匀切8刀。

6 将小瓣面团翻转至豆沙朝上，发酵20分钟。

7 鸡蛋打散，用刷子在面团上刷上蛋液。

8 烤箱预热，180℃烤15分钟即可。

准备这些别漏掉

发酵好的面团300g，红豆沙馅250g，鸡蛋1个

厨房私语

1. 花瓣不要切太深以免断裂，面包膨胀后会撑开。

2. 在涂了蛋液后再撒一层椰丝更加香甜。

3. 酵母产品说明上面有发酵的时间和气温要求，可以按照上面说明操作。

蜂蜜面包

中难度

45分钟

2人份

风靡街头的"便便头"蜂蜜面包大家一定很熟悉，这款面包最大的特点就在于烤得脆脆的底部，混合着蜂蜜的甜和芝麻的香，配合着柔软的内里，让人爱不能停。

准备这些别漏掉

发酵好的面团 400g

面粉 10g

鸡蛋 1 个

芝麻 5g

色拉油 10g

细砂糖 8g

① 色拉油加入芝麻、面粉、细砂糖拌匀。

② 把面团分成 50g 一个的小面团，搓成长条。

③ 将擀好的面皮卷起后从中间对半切开。

④ 在烤盘上涂满芝麻油，将面团卷放入烤盘中。

厨房私语

1. 烘烤时间按烤箱实际温度不同略有出入。

2. 在烤盘上刷一层油，面包底部会变得很脆。

3. 可在面包里加适量红豆，增加口味。

⑤ 放在温暖湿润的地方发酵 20 分钟。

⑥ 将发酵至 2 倍大的面团取出。

⑦ 用刷子刷上蛋液，烤箱预热 180℃烤 18 分钟。

⑧ 出炉后刷一层蜂蜜，撒上少许芝麻即可。

红豆菠萝包

菠萝包外层表面的脆皮，一般由砂糖、鸡蛋、面粉和猪油烘制而成，是菠萝包的灵魂，为平凡的面包加上了不一般的口感，以热食为佳。

做起来很简单

① 将黄油室温软化，用打蛋器打发至发白。

② 接着筛入糖粉和低筋面粉拌匀。

③ 加入一个打散的鸡蛋，继续搅打。

④ 用硅胶刀轻轻翻拌成光滑面团备用。

⑤ 分成小面团，放入25g红豆沙后封口。

⑥ 菠萝皮分成35g一个的小面团擀薄。

⑦ 将菠萝皮盖在面团上，用刀划出菱形格纹。

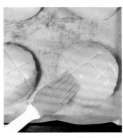

⑧ 刷上蛋液，烤箱预热180℃烤15分钟。

准备这些别漏掉

菠萝皮：低筋面粉45g，鸡蛋20g，黄油30g，糖粉40g，盐少许

菠萝包：高筋面粉150g，鸡蛋20g，红豆沙100g，黄油15g，细砂糖45g，酵母2g，水70g，盐少许

厨房私语

1. 擀菠萝皮时可铺上保鲜膜，戴上手套，防止皮粘在桌上或手上而断裂。

2. 揉面中途不能因为太湿加入干面粉，可多揉10分钟，就不会粘手了。

3. 追求绵密组织口感的可以擀卷2次。

火腿玉米沙拉面包

面包的花样越来越多，品质越来越高，很多人都想做点新的有创意的面包，只要在装饰或者材料上改变了一下，面包也可大不一样。

做起来很简单

① 将揉好的面团发酵至两倍大后，用擀面杖擀薄。

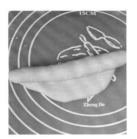

② 接着从上往下卷起搓成均匀长条形面团。

③ 如图所示将面团交叉搭在一起。

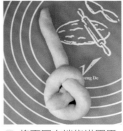

④ 将面团右端绕进圈里，打个结。

⑤ 将左端也饶两圈，形成花形面团。

⑥ 放在温暖潮湿的地方发酵至两倍大。

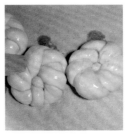

⑦ 在面团上来回涂刷上一层蛋液。

⑧ 将玉米粒、火腿粒等配料撒在面团上，190℃烤10分钟。

准备这些别漏掉

高筋面粉220g，鸡蛋1个，火腿肠1根，玉米粒30g，酵母5g，白砂糖15g，水100g，葱花少许，盐少许，沙拉酱适量

厨房私语

1. 放凉以后面包会变硬，要吃时用微波炉热2分钟即可恢复松软。

2. 出炉后趁热刷一层蜂蜜会更香甜。

3. 用30g可可粉代替等量面粉，就可以制作出巧克力口味的沙拉面包。

牛油果拌饭与金枪鱼面包

牛油果是一种营养价值很高的水果，含多种维生素、丰富的脂肪酸和蛋白质，适合生食，所以在菜肴中经常用来做沙拉，用来拌饭简单快捷，适合没有太多时间准备早餐的你。

做起来很简单

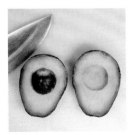

① 将牛油果对半切开。

② 挖出一半果肉捣碎成泥状。

③ 加入酱油，挤少许青柠汁拌匀。

④ 加入热米饭与牛油果泥拌匀。

⑤ 取出金枪鱼滤干，放入碗里捣碎。

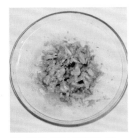

⑥ 在鱼肉泥里加入另一半牛油果泥。

⑦ 加入盐和胡椒粉拌匀。

⑧ 将金枪鱼牛油果酱抹在面包上即可。

准备这些别漏掉

米饭 1 碗，牛油果 1 个，青柠 1 个，金枪鱼罐头 50g，酱油少许，盐少许胡椒粉少许

厨房私语

1. 牛油果泥加入青柠汁除了可以调味、解腻还可以防止果泥氧化变黑。

2. 面包可先用黄油煎一下再抹上果酱风味更佳。

3. 金枪鱼牛油果面包可以搭配一份百香果青柠汁一起吃，解渴又排毒。

培根玛芬

培根与洋葱的结合，再加上鸡蛋牛奶的香味，在制作的过程中也会忍不住流口水，咸香口味更符合中国人的饮食习惯，是早餐的上佳选择。

 中难度　 40 分钟　 1 人份

准备这些别漏掉

低筋面粉 90g

洋葱 1/2 个

芹菜 1 根

培根 2 片

鸡蛋 1 个

牛奶 40g

油 50g

盐 10g

泡打粉 2g

厨房私语

1. 面糊放入纸杯后可在面糊上摆两片培根，烤出来肉会脆脆的很可口。

2. 洋葱、芹菜和培根放入平底锅翻炒时不用放油，培根本身会出油。

3. 纸杯中切记不要装太满的面糊，以免烤制是膨胀溢出。

① 洋葱、芹菜切碎，培根切小块。

② 放入平底锅炒一小会儿，放凉备用。

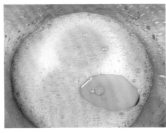

③ 把鸡蛋、油、牛奶和盐搅拌至油水混合。

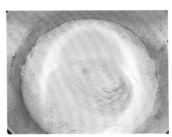

④ 筛入面粉和泡打粉。

⑤ 用硅胶刀轻轻翻拌成光滑面糊。

⑥ 加入洋葱碎、芹菜碎和培根拌均匀。

⑦ 用勺子把面糊放入玛芬纸杯里，8 分满。

⑧ 烤箱预热，190℃烤 20 分钟。

戚风蛋糕

蛋奶香味浓厚的戚风蛋糕有着最质朴的味道，不需要精心地雕琢，可爱的外观就能给刚起床的人带来一天的欢心。

中难度

25 分钟

1 人份

低筋面粉 50g
鸡蛋 3 个
牛奶 25g
油 25g
细砂糖 50g

厨房私语

1. 蛋白的硬性发泡是提起
打蛋后，蛋白呈竖起来
的小尖角不弯曲就可以。

2. 翻拌蛋黄和蛋白要从底
部从下往上拌，不要画圈
搅拌，以免蛋白消泡，影
响蛋糕口感。

3. 制作好的戚风蛋糕搭配
一杯蓝莓酸奶，让整个早
餐充满活力。

做起来很简单

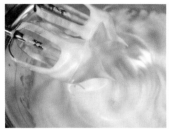

1 蛋黄、蛋白分离，用打蛋器把蛋白打至硬性发泡，分三次加入 30g 白砂糖。

2 剩下的蛋黄加入 20g 白砂糖打散搅拌均匀。

3 在打散的蛋黄液中加入油和牛奶，搅拌均匀。

4 加入过筛后的面粉，用硅胶刀轻轻翻拌均匀。

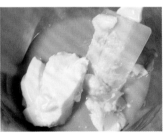

5 把 1/3 蛋白加入蛋黄糊中翻拌均匀后再加入 1/3 蛋白拌匀。

6 把拌好的蛋糊倒入剩下的 1/3 蛋白中轻轻拌匀。

7 将蛋糊倒入 6 寸中空圆模，用力震两下，把大气泡震出。

8 烤箱预热 160℃，烤 15 分钟后倒扣，待冷却后脱模即可。

咖喱海鲜乌冬面

咖喱海鲜乌冬面听起来很复杂，其实操作起来非常简单，乌冬面和咖喱块都可以在超市或便利店买到，只需加入一些自己喜欢的蔬菜就可以了。

做起来很简单

1 将配料的蔬菜洗净后分别切成块状。

2 倒少许油，将蔬菜放入锅中翻炒一下。

3 锅里倒入清水，大火煮开。

4 根据自身需要放入适量的乌冬面。

5 用筷子把乌冬面搅散，开盖煮沸。

6 放入两块咖喱，转小火煮8分钟。

7 虾子洗净，用牙签挑去虾线，剪掉虾须。

8 将虾子放入锅中煮到变红即可关火。

准备这些别漏掉

乌冬面1包，虾5只，番茄1个，土豆1/2个，西兰花1/2个，胡萝卜1/2个，咖喱2块

厨房私语

1. 将番茄炒出汁后加入咖喱汤汁味道更丰富。
2. 可选择辣味咖喱做成辣汤乌冬面。
3. 煮时让咖喱稠稠地挂在面条上，翻到面条熟就可以吃了。

炒乌冬面

日系食品非常讲究营养搭配和色彩搭配，一盘色彩清新的乌冬面包含着丰富的维生素及营养物质，保证一整天身体的所需。

准备这些别漏掉

乌冬面 1 份
甜椒 1/2 个
黄瓜半根
培根 2 片
蚝油少许

① 在锅中加入适量的水，待水烧
开后放入乌冬面。

② 将乌冬面用筷子搅开，以中火
煮熟。

③ 将煮好的乌冬面用筛子捞起滤干
水分。

④ 将彩色甜椒和黄瓜洗净分别切
成粒状。

厨房私语

1. 乌冬面不要煮太久，
防止过软不好翻炒。

2. 炒乌冬面时用筷子搅
拌可防止乌冬面被炒断。

3. 搭配一碗日系味噌汤，
更有日本料理的滋味。

⑤ 取一片培根，切成小片。

⑥ 锅烧热，倒入油，将材料在锅
中翻炒几下。

⑦ 放入滤干的乌冬面，加入少许
蚝油。

⑧ 关小火，用筷子将乌冬面以及
材料搅拌均匀后出锅。

罗宋汤

中辣度 　35分钟　2人份

罗宋汤得名于上海文人对俄罗斯的音译"罗宋"，是在俄罗斯和波兰等东欧国家常见的一种羹汤，又酸又甜是罗宋汤的一大特色。

准备这些别漏掉

胡萝卜 1/2 根
土豆 1/2 个
洋葱 1/2 个
番茄 1 个
包菜 2 片
黄油少许
水适量
番茄酱 3 勺
盐少许
胡椒粉适量

厨房私语

1. 用黄油可以使汤更加香浓。

2. 想吃辣的可以在汤里加点辣椒酱。

3. 先起油锅将洋葱煸炒，一定要煸出香味。

1 先将洗净的胡萝卜、土豆切块。

2 将洋葱也切成片状备用。

3 用开水焯一下番茄，起皮后切成块状。

4 锅内放少许黄油，放入洋葱炒至透明微黄。

5 倒入胡萝卜块、土豆块和番茄翻炒。

6 加水，盖上锅盖煮 10 分钟。

7 在起锅前加入包菜叶，包菜不会疲塌。

8 倒入番茄酱和胡椒粉。

芦笋土豆泥

用我们经常吃的土豆和芦笋就能做出高大上的西式料理，也许你通常是把培根切碎了和土豆、芦笋一起炒好就出锅，但是不如在摆盘上下点功夫，就可以瞬间提升这道早餐的格调。

做起来很简单

① 芦笋去掉根部，焯水后滤干摆入盘中。

② 培根用平底锅煎至金黄，摆入盘中。

③ 土豆蒸熟去皮，用勺子压成泥。

④ 将切好的胡萝卜粒和黄瓜粒拌入土豆泥中。

⑤ 土豆泥加盐入锅翻炒后，摆入盘中培根上。

⑥ 把吐司边切下来，再切成小方块。

⑦ 将吐司块放入烤箱，160℃烤 5 分钟。

⑧ 将吐司块撒到土豆泥上，撒入少许胡椒粉即可。

准备这些别漏掉

土豆 1 个，芦笋 6 根，胡萝卜 1/2 根，黄瓜 1/2 根，培根 3 片、吐司 1 片，黄油少许，盐少许，胡椒粉少许

厨房私语

1. 可根据个人口味挤入蛋黄酱或沙拉酱等调味。

2. 酸奶、水煮蛋等可作为早餐搭配一同食用，营养更丰富。

3. 在煮好的芦笋上洒少许盐，让芦笋入味。

蛋黄酱苏打小饼

干巴巴的苏打饼干一点也不好吃，吃多了还会上火，不如来点新意，加入蛋黄酱和水果粒，让它变身为口感丰富的小点心。

做起来很简单

1 将鸡蛋的蛋清和蛋黄分离，蛋黄与白砂糖混合。

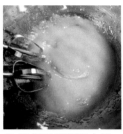

2 把打蛋器调至中档，将蛋黄和白砂糖搅拌均匀。

3 在搅拌好的蛋液中加入适量的橄榄油。

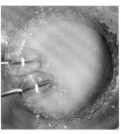

4 用打蛋器搅打蛋液的同时继续加入橄榄油。

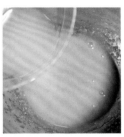

5 待蛋液变稠后加入少许柠檬汁，蛋液变稀后继续搅打。

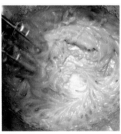

6 一边搅打一边加入油和柠檬汁，至蛋液变得浓稠为止。

7 黄瓜、小番茄切片，鸡蛋煮熟切小块作为配料。

8 挤入蛋黄酱，摆入黄瓜片、小番茄片和鸡蛋块即可。

准备这些别漏掉

鸡蛋2个，小番茄1个，黄瓜少许，苏打饼若干，柠檬汁15g，橄榄油150g，白砂糖15g，盐少许

厨房私语

1. 因鸡蛋和油易出现蛋油分离现象，所以油一定要一点点的加，一次不能多，充分搅拌混合后再加。

2. 搅拌好的蛋黄酱装入瓶中放进冰箱可保存一段时间。

3. 在涂了蛋黄酱的苏打饼干上面再加盖一片饼干就成了苏打三明治。

葡式蛋挞

中难度

50 分钟

2 人份

蛋挞外皮酥脆，内馅嫩滑，趁热吃更能感受到蛋挞的精华。但是蛋挞的热量非常高，即使喜欢也要适量食用。

厨房私语

1. 制作蛋挞水的时候，第一步加热是为了让细砂糖彻底溶解。如果用糖粉，可不加热直接搅拌均匀。

2. 捏挞皮的时候，底部要尽量捏薄一点，不然底部口感会比较湿，不酥脆。

3. 因为挞皮烤熟后会膨胀，所以蛋挞水只需要装到8分满。

做起来很简单

1 白砂糖加入牛奶里加热至白砂糖融化。

2 将蛋黄加入牛奶液中搅拌均匀。

3 把蛋黄液倒入奶油里，用打蛋器搅拌。

4 待牛奶冷却后倒入蛋黄奶油糊里搅拌均匀。

5 用筛子筛入面粉轻轻搅拌均匀。

6 用筛网过滤掉蛋挞水里的滤渣。

7 将蛋挞水倒入挞皮中，只需倒8分满。

8 烤箱200℃预热，以中火烤15分钟即可。

泡芙

酥脆香甜的泡芙拥有入口即化的口感，无论是单纯地搭配奶油或者水果都风味犹存，吃前冰一下味道更佳。

做起来很简单

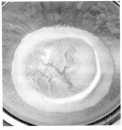

① 将低筋面粉过筛后倒入不锈钢器皿。

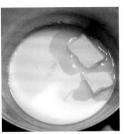

② 黄油加牛奶用小火加热至沸腾后关火。

③ 将盐和面粉迅速加入热的黄油中。

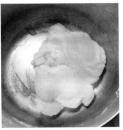

④ 用硅胶刀搅拌均匀。

⑤ 打入一个鸡蛋，搅拌均匀后再加一个鸡蛋。

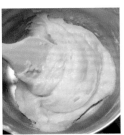

⑥ 搅拌成光滑面糊后把面糊装入裱花袋。

⑦ 用裱花袋在烤盘挤出一个个泡芙造型，注意排列间隔。

⑧ 烤箱预热，以175℃烤20分钟后关火取出即可。

准备这些别漏掉

低筋面粉110g，鸡蛋3个，牛奶130ml，黄油70g，盐少许

厨房私语

1. 泡芙面糊软硬适当，以挂在硅胶刀上呈现倒三角形，不滴落为标准。

2. 烤制泡芙时绝对不可以在中途打开烤箱门，否则泡芙会塌陷。

3. 入烤箱前，在泡芙表面洒点水，泡芙的口感会更酥。

香蕉松饼

香蕉有一种让人吃了变愉悦的魔力，清晨用香蕉制作料理，不仅能够饱腹，还能让一整天拥有好心情。

做起来很简单

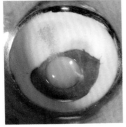

① 将牛奶、鸡蛋和白砂糖倒入碗中。

② 用打蛋器将它们搅拌均匀。

③ 筛入面粉和盐，轻轻翻拌均匀。

④ 香蕉剥皮后用叉子或勺子碾碎。

⑤ 在香蕉泥中加入5g朗姆酒调味。

⑥ 将加了朗姆酒的香蕉泥倒入面糊中，拌匀。

⑦ 平底锅烧热后，倒入一汤勺面糊摊平。

⑧ 小火煎至面糊表面有气泡后翻面再煎1分钟即可。

准备这些别漏掉

香蕉1根，鸡蛋1个，面粉60g，朗姆酒5ml，牛奶70g，白砂糖20g，盐少许

厨房私语

1. 将面糊打发是为了使松饼口感更松软。

2. 做好的松饼淋上蜂蜜或巧克力酱等味道更佳。

3. 不喜欢吃太甜的可以少放一些白砂糖，香蕉本身也是有甜味的。

原味松饼

原汁原味的松饼更突显质朴的味道，加上水果的装饰以及蜂蜜的光泽，瞬间让人食欲高涨。

准备这些别漏掉

鸡蛋 1 个
面粉 60g
牛奶 70g
白砂糖 30g
橄榄油 10g

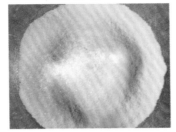

1 面粉过筛，加入白砂糖备用。

2 将牛奶、鸡蛋一起倒入碗中。

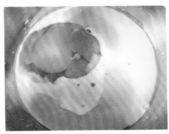

3 再在碗里加入适量的橄榄油。

4 把所有的材料都搅拌均匀。

厨房私语

1. 配蜂蜜或奶油让松饼
口感更香甜。

2. 搭配水果风味更佳。

3. 煮一杯热牛奶，与松
饼蛋香味结合，更为完美。

5 将过筛好的面粉倒入面糊中。

6 轻轻翻拌均匀成能流动的面糊。

7 平底锅烧热后，舀一勺面糊倒
入锅中摊平。

8 小火煎至面糊表面有气泡后翻
面煎熟即可。

幸福早餐

Chapter 4

创意早餐

动点小创意就能成就美食

家人幸福而满足的笑脸，
才是为家人制作早餐的真正意义。
将满满的爱意融入早餐的创意中，
用你的灵感改造一下传统的粥粉面饭汤，
给平淡的早餐一次变身的机会，
用可爱的创意早餐来和家人道"早安"。

米汉堡

中难度　　15分钟　　2人份

家里没有面包也能做汉堡！通过改良的米汉堡不仅能够让剩余的米饭得到合理地利用，还能让家人尝试到中西结合的新鲜美味。

准备这些别漏掉

米饭 1 碗

牛肉末 100g

生菜 2 片

番茄 2 片

洋葱粒少许

胡萝卜粒少许

芝麻少许

白砂糖 5g

淀粉 10g

油少许

酱油少许

厨房私语

1. 用力抓肉末是为了让肉饼更有弹性，口感更好

2. 中间可挤入蛋黄酱或番茄酱等调味。

3. 用剩下来的米饭制作，避免浪费。

① 将煮熟的米饭用保鲜膜包好，用擀面杖擀平。

② 用直径约 7cm 的圆形模具压出 4 片圆米饭片。

③ 在米饭片上撒少许芝麻，放入烤箱 170℃烤 5 分钟。

④ 牛肉末加入洋葱粒、胡萝卜粒、白砂糖、淀粉、油和酱油。

⑤ 戴上手套用力将肉末抓匀，取 50g 揉成团再压成扁圆形。

⑥ 平底锅烧热放油，中火将肉饼煎熟。

⑦ 取一片米饭，放一片生菜，再放上一片番茄。

⑧ 放上牛肉饼，再盖上另一片米饭就可以了。

彩椒煎蛋配红豆小丸子

将色彩鲜艳的水果甜椒作成煎蛋的模具，搭配鸡蛋迅速变成可爱的花朵，与甜蜜的红豆小丸子一起吃，让晨间的心情变得美丽起来。

中难度　40分钟　2人份

做起来很简单

① 红豆用清水洗净后加入适量水煮软。

② 将煮好的红豆粥倒入搅拌机里搅拌成沙状。

③ 用筛子过滤掉红豆皮，让口感更细腻。

④ 将过滤好的红豆沙煮开，放入糯米丸子，中火煮至丸子浮起来即可。

⑤ 水果甜椒洗净，去蒂切成1cm厚甜椒圈。

⑥ 平底锅中火加热，放入甜椒圈用锅铲按压，让甜椒底部平整贴合锅底。

⑦ 在甜椒圈里打入鸡蛋，撒少许盐，小火煎制。

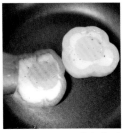

⑧ 待晃动锅子甜椒能移动时关火撒上胡椒粉即可。

准备这些别漏掉

红豆小丸子：红豆 50g，速冻糯米丸子 50g，水 100g，白砂糖 20g

甜椒煎蛋：甜椒 1/2 个，鸡蛋 2 个，盐少许，油少许

厨房私语

1. 红豆沙过滤掉红豆皮是为了使口感更细腻。

2. 在甜椒圈里放少许油，使油能填充甜椒圈和锅底的缝隙。

3. 红豆汤可以前一晚准备，节省掉一半时间，避免早起。

云吞蛋饼

传统的鲜汤云吞也许你已经吃腻，将它制作成立体的蛋饼，金黄的色泽以及全新的口感让你瞬时重新爱上它。

做起来很简单

① 将葱花清洗干净后，切成小段。

② 将云吞摆放整齐，放入锅中。

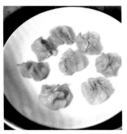

③ 开大火，盖上盖子蒸5分钟左右。

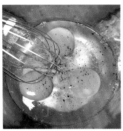

④ 取3个鸡蛋，打入容器中加入盐和胡椒粉打散。

⑤ 平底锅刷一层油，把一半蛋液倒入锅内小火煎至蛋液凝固。

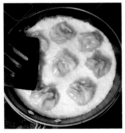

⑥ 将云吞均匀地摆在蛋饼上，用锅铲压一下固定。

⑦ 再倒入另一半蛋液，继续用小火煎制至蛋液凝固后关火。

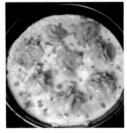

⑧ 最后在煎熟了的云吞蛋饼上撒些葱花即可。

准备这些别漏掉

云吞8个，葱花1把，鸡蛋3个，盐少许，胡椒粉少许

厨房私语

1. 如果没有蒸锅，云吞用水煮后滤干水份也可以。
2. 葱花最好去掉葱白只取绿色部分。
3. 蛋饼可搭配番茄香菇豆皮汤，更能饱腹。

土豆丝奶酪蛋饼

 中难度 15分钟 1人份

淡淡的奶香提鲜蛋饼的味道，土豆绵密的口感不同于醋溜土豆丝的爽脆。清晨试着做一做这道富有西式
风味的土豆丝奶酪蛋饼，开启一天的美味之旅。

准备这些别漏掉

土豆 1/2 个
鸡蛋 2 个
面粉 10g
马苏里拉奶酪 30g
盐少许
胡椒粉少许

厨房私语

1. 在煎蛋饼的时候，用锅铲压一压蛋饼，让土豆丝更贴合锅面。

2. 蛋液多少可以根据个人喜好调配，蛋液少口感薄脆，蛋液多口感较厚。

3. 搭配醇香的蜜桃红茶，让唇齿间的香味散开，拥有好心情。

① 将土豆去皮，切成细丝，一定要够细方便煎熟。

② 鸡蛋打入碗中，加入盐和面粉。

③ 将蛋液和面粉、盐的混合物搅拌均匀。

④ 将切好的土豆丝放入蛋液中均匀裹上。

⑤ 平底锅刷一层油，将土豆丝蛋液倒入锅中。

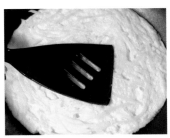

⑥ 待蛋饼可移动后翻面煎至金黄。

⑦ 在蛋饼表面铺上马苏里拉奶酪。

⑧ 盖上锅盖焖一小会儿，出锅时撒少许胡椒粉即可。

双莓酸奶配吐司烤蛋

 低难度　 10分钟　 2人份

选择吐司作为早餐主角是最省时省事之选，它不仅百搭还能依靠创意填饱肚子，吐司烤流心蛋制作起来也超方便。

做起来很简单

① 准备两片吐司，用手或勺子在中间压出一个凹印。

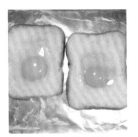

② 将吐司片放入铺好了锡纸的烤盘上，把鸡蛋打入吐司的凹印当中。

③ 在处理好的吐司上面撒上盐、胡椒粉和披萨草。

④ 小心地将吐司蛋放入烤箱170℃烤5分钟。

⑤ 草莓去蒂，和蓝莓放入盐水中浸泡5分钟。

⑥ 将蓝莓和草莓沥干水后放入搅拌机里。

⑦ 在搅拌机里倒入适量酸奶和白砂糖。

⑧ 最后倒入牛奶，打开搅拌机搅碎，双莓思慕雪完成。

准备这些别漏掉

烤蛋：吐司2片，鸡蛋2个，盐少许，胡椒粉少许，披萨草少许

双莓：草莓5个，蓝莓20g，酸奶50g，牛奶100g，白砂糖30g

厨房私语

1. 打入鸡蛋的时候动作要慢一点，不要撒出吐司片外。

2. 烤的时候要注意观察，蛋清变白即可拿出，不然烤过头蛋黄就没有流心效果了。

3. 吐司加上双莓思慕雪可以防衰老，再加点坚果则会让记忆变更好。

吐司披萨

早餐如果制作一个披萨只能等到周末与家人一起分享，用吐司制作披萨，尺寸刚好味道也非常不赖。

低难度 15分钟 1人份

准备这些别漏掉

洋葱 1/4 个
小番茄 2 个
培根 1 根
西兰花少许
番茄酱 2 勺
乳酪片 1 片
盐少许
披萨草少许
胡椒粉少许

厨房私语

1. 不喜欢吃吐司边的可以切掉四边。

2. 想减少热量可以不放乳酪片。

3. 搭配青柠苏打水帮助消化，还能排毒养颜。

① 用清水将洋葱和小番茄洗净，洋葱切条、小番茄切片。

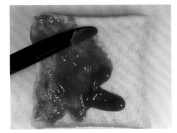

② 取一片吐司，涂一层番茄酱，抹均匀。

③ 取一片培根，切成等分的小片。

④ 把洋葱、小番茄和西兰花摆入吐司片上，撒少许盐。

⑤ 摆好蔬菜后，再将切好的培根放在最上层。

⑥ 烤箱预热，170℃把摆好的吐司披萨放进去烤 8 分钟。

⑦ 拿出吐司盒，放上乳酪片，撒少许披萨草后放入烤箱继续烤 3 分钟。

⑧ 最后根据个人喜好撒适量的胡椒粉即可。

吐司杯

扁平的吐司片只要发挥想象，就能动手做成立体的杯子，里面包含培根以及蛋黄让吐司杯的口感酥香咸脆。

做起来很简单

① 取两片吐司，沿着四周将吐司的边切掉。

② 在吐司四条边的中间切一条缝，不要把吐司切断。

③ 将切好的吐司沿着烤杯折叠竖立起来。

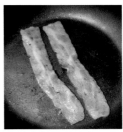

④ 平底锅内放入少量油，烧热后将培根煎熟。

⑤ 将培根卷起，放入吐司杯中，中间留空。

⑥ 将鸡蛋的蛋白和蛋黄分离，蛋黄放入培根杯里。

⑦ 在装好的吐司杯内撒入少许盐和披萨草。

⑧ 将吐司杯放入烤箱里，180℃烤15分钟。

准备这些别漏掉

吐司2片，培根2片，鸡蛋2个，盐少许，披萨草少许

厨房私语

1. 没有金属容器也可用一次性纸杯装吐司。
2. 在煎培根的时候滴入少许酱油可以让吐司杯味道更好。
3. 光吃吐司杯可能会口渴，搭配香芋奶以及小番茄在解渴的同时更让营养均衡起来。

127

咖喱面包

浓浓的咖喱味与面包的奇妙交融，让你度过一个绝妙的清晨。浓郁的味道可以瞬间为身体充能，面包的饱腹感横扫一夜的饥饿。

准备这些别漏掉

吐司 1 片
胡萝卜 1/2 根
土豆 1/2 个
洋葱 2 片
西兰花 2 朵
黄油少许
咖喱 2 块
椰浆 20ml
水适量

厨房私语

1. 加水要适量，多次少量慢慢加入。

2. 加入椰浆的咖喱味道更香浓。

3. 搭配奇异果汁以及口感 Q 弹的鱼蛋，会让早餐更丰富。

做起来很简单

① 取一片吐司均匀地切成小正方体状。

② 将切好的吐司放入烤箱 170℃ 烤 5 分钟。

③ 胡萝卜、土豆切块，洋葱切小片、西兰花洗净后切块。

④ 锅内放少许黄油，将所有材料放入锅中翻炒。

⑤ 待蔬菜半成熟时，往锅中加两块咖喱块。

⑥ 加入适量的水将咖喱块融化，并搅拌均匀。

⑦ 转小火煮至咖喱酱汁从稀变浓稠状。

⑧ 加入椰浆搅拌均匀，起锅后拌入面包块即可。

炒面包丁

中难度

15 分钟

1 人份

将面包用炒的方式烹饪，这道菜一定会让你的味蕾得到升华，酥脆的口感以及丰富的酱汁，用美味唤醒身体活力就这么简单。

准备这些别漏掉

吐司 1 片
甜椒 1/2 个
西兰花 2 朵
培根 2 片
鸡蛋 1 个
盐少许
胡椒粉少许
油少许

厨房私语

1. 先烤脆面包块再裹蛋液炒熟可以有外嫩里酥的口感。

2. 花生油不用放太多，因为培根会出油。

3. 西兰花不易清洗，可以加入少许盐浸泡，方便清洗干净。

① 取一片吐司，均匀地切成小正方体状。

② 将切好的吐司放入烤箱 170℃ 烤 5 分钟。

③ 在烤吐司时，将蔬菜洗净，甜椒切丁。

④ 西兰花冲洗干净后，切成小朵。

⑤ 取两片培根，切成小片，方便入味。

⑥ 鸡蛋放盐打散，将烤脆的面包块浸入蛋液中裹匀。

⑦ 锅内放少许油，把裹满蛋液的面包块炒熟。

⑧ 将所有切好的材料一同翻炒 5 分钟，撒盐和胡椒粉出锅。

培根浓汤面包盒子

用食物作为容器，待它吸收好汤汁后再一并吃下的感觉既环保又大块人心，培根浓汤面包盒子就是这么神奇的食物。

做起来很简单

① 将所有材料洗净，切成片状待用。

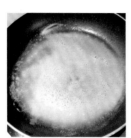

② 面粉加水拌匀，锅中倒入少许油和湿面粉，将培根、洋葱放入锅内翻炒。

③ 倒入牛奶与翻炒好的洋葱和培根拌匀，小火煮3分钟。

④ 再在锅内放入甜玉米粒及切好的芦笋。

⑤ 小火煮至汤汁黏稠后，放入适量盐和胡椒粉。

⑥ 将吐司面包平整地切成两半。

⑦ 将面包中间挖空，不要挖到底部。

⑧ 倒入浓汤，摆盘装饰即可食用。

准备这些别漏掉

吐司1个，培根2片，玉米20g，芦笋2根，洋葱5片，面粉10g，牛奶100g，盐少许，胡椒粉少许

厨房私语

1. 整个过程都是用小火烹制，使汤慢慢变浓稠。

2. 如面包底部挖空穿底可用挖出的面包再填补起来。

3. 浓香的面包盒子配上木瓜牛奶和水果，营养瞬间加倍。

面包布丁

用面包制作的创意料理真是数不胜数，除了炒着吃，还能制作成充能的甜点早餐，用面包改良的布丁，你不好奇它的味道吗？

低难度　40分钟　2人份

做起来很简单

① 将吐司块切成大致相同的小立方块。

② 然后放入烤箱170°烤大约5分钟。

③ 香蕉剥皮后去头去尾将中间的香蕉平均切成3mm厚的片。

④ 把烤脆的吐司块平铺在容器的最底层。

⑤ 在容器的第二层放上切好的香蕉片。

⑥ 最后再铺上剩下的吐司块。

⑦ 鸡蛋打散，加入牛奶和白砂糖拌匀，倒入容器中。

⑧ 烤箱预热，170℃烤25分钟即可。

准备这些别漏掉

吐司2片，香蕉2根，鸡蛋3个，牛奶100g，白砂糖30g

厨房私语

1. 把吐司块先烤一会儿再加入蛋液烤会有外酥里嫩的口感。
2. 香蕉本身有甜味，白砂糖可按个人喜好酌情增减。
3. 面包布丁配上清香的芒果木糠杯不仅可以解腻，也可以增加维生素的摄入。

法棍披萨

硬邦邦的法棍也许不是每个人都喜爱，但是把它当作披萨基底，烤出来的法棍披萨既方便食用又酥香松脆，一定让你爱不释手。

准备这些别漏掉

法棍 1/4 根
黄瓜 1/4 根
番茄 1/2 个
培根 2 片
马苏里拉奶酪 20g

厨房私语

1. 烤的时间长度由马苏里拉奶酪的融化程度来决定。

2. 法棍一定要切平，不然不好放材料。

3. 搭配一杯热可可和苹果，在冬季早餐食用全身都暖和起来。

做起来很简单

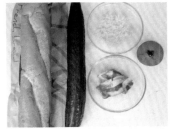

① 将需要的材料都准备好。

② 先把法棍去头尾，切成 3cm 厚的切片。

③ 黄瓜和番茄洗净后，切成小粒。

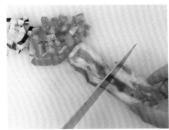

④ 培根铺平，从中间切开分成两半。

⑤ 将切好的培根放到法棍片上，铺平。

⑥ 在培根上放入番茄粒和黄瓜粒。

⑦ 将奶酪碎放在所有材料上。

⑧ 烤箱预热至 170℃，烤 5 分钟即可。

137

炒方便面

方便面是一种速食食品，只要发挥创意就能变成各种美味。用炒的方法制作，再搭配红薯牛奶西米露以及清甜的西瓜，整个早上都是幸福的。

方便面饼 1 块

胡萝卜 1/2 根

包菜 2 片

洋葱适量

干辣椒 4 个

酱油少许

鸡蛋 1 个

盐少许

📋🍽☕🫖

厨房私语

1. 配料可随意搭配，用家里的剩菜即可。

2. 用水焖的煎蛋不容易煎老，且不油腻。

3. 在煮方便面的同时切配菜，可以节省很多时间。

做起来很简单

① 将胡萝卜、洋葱、包菜和干辣椒洗净后切好。

② 将方便面饼放入在锅中，焯水煮开后滤干。

③ 锅中放适量的油，大火把所有配菜都炒熟。

④ 放入煮熟的方便面，翻炒。

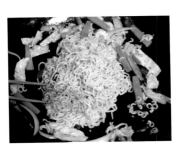

⑤ 加入酱油调味，用筷子翻拌均匀即可出锅。

⑥ 锅烧热，刷一层油后关火，撒入少许盐。

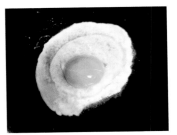

⑦ 在锅里打入一个鸡蛋，然后加入少量水。

⑧ 盖上锅盖小火煮 3 分钟，用水蒸气把蛋焖熟。

奶香泡面

泡面除了红烧牛肉味之外也能煮出西洋风味，奶酪培根以及泡面的创意结合，让这碗奶香泡面回味无穷。

泡面 1 包
包菜 2 片
培根 2 片
洋葱 1/3 个
面粉 15g
牛奶 80g
奶酪 1 片
大蒜 2 瓣
盐少许
葱花少许
胡椒粉少许

厨房私语

1. 先煎培根后炒蔬菜，可借培根油把蔬菜炒得更香。

2. 煮面粉牛奶糊时要用小火，防止火太大面糊结块。

3. 奶香泡面可以搭配火龙果番茄汁，口感更清爽。

做起来很简单

① 把包菜丝、蒜蓉、洋葱碎和培根备好。

② 将培根煎至微焦铲出待用。

③ 用培根油把蒜蓉煎香，放入包菜丝和洋葱碎炒熟。

④ 面粉加牛奶和盐调匀后倒入锅中小火煮至黏稠。

⑤ 放入奶酪片和胡椒粉搅拌至奶酪片融化。

⑥ 在锅中放入水，烧开后放入泡面饼煮到散开。

⑦ 泡面煮熟后，用筛子滤干。

⑧ 将泡面放进面糊里拌匀即可出锅，再摆上培根，撒少许葱花和胡椒粉。

红豆吐司班戟

改变传统班戟的超高热量，让在意身材的白领女性在享受美味早餐的同时，也能合理控制热量摄入，不再担心肥胖问题。

做起来很简单

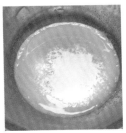

① 鸡蛋和融化的黄油拌匀，筛入面粉和糖粉轻轻翻拌均匀。

② 待 step1 所有材料搅拌均匀后，再加入牛奶搅拌均匀。

③ 借助筛子过滤掉液体中的杂质，让班戟皮更平滑。

④ 平底锅烧热，刷一层油后倒入适量蛋糊摊成圆饼。

⑤ 小火煎至蛋糕凝固即可出锅纳凉备用。

⑥ 吐司片切边，均匀抹上红豆沙，用另一片吐司盖上。

⑦ 铺开蛋皮，将红豆沙吐司放在蛋皮中间。

⑧ 将蛋皮四周向里折叠，收口朝下，中间切开。

准备这些别漏掉

鸡蛋 1 个，吐司 2 片，红豆沙 50g，面粉 30g，牛奶 100g，黄油 10g，糖粉 10g

厨房私语

1. 蛋糊少倒一点，摊平就可以了，蛋皮薄一些口感更好。

2. 吐司片切边，留下柔软的无边吐司，口感更绵密。

3. 红豆吐司班戟搭配牛奶紫米粥营养更均衡。

炸馒头配五谷燕麦粥

雪白的馒头口感质朴，但是炸过以后，非常松脆，足以在早餐时段给味蕾一个惊喜，让你活力一整天。

做起来很简单

① 将馒头平均分成5份，切片。

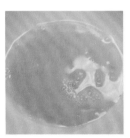

② 鸡蛋打入容器中，加水和盐拌匀。

③ 将切好的馒头片放在蛋液中两面蘸满。

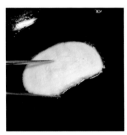

④ 炒锅加热，倒入适量油，放入蘸满蛋液的馒头片。

⑤ 将炸好的馒头蘸上白砂糖装盘即可。

⑥ 取出适量的五谷粉倒入干净的碗里。

⑦ 将快熟燕麦片、黑芝麻和白砂糖混合入五谷粉中。

⑧ 倒入烧滚的开水冲开，拌匀即可。

准备这些别漏掉

炸馒头：馒头1个，鸡蛋1个，水少许，白砂糖20g，油适量

五谷燕麦粥：五谷粉30g，快熟燕麦15g，黑芝麻少许，水适量，白砂糖15g

厨房私语

1.馒头在蛋液里不能浸泡太久，不然会融掉。

2.五谷粉由绿豆、红豆、黑豆、薏米、小米打成粉制作而成。

3.五谷粉可事先打成粉密封保存，吃时舀出即可。

芝士饭团

中难度　20分钟　1人份

饭团可以充饥也能制造出很多可爱的形状，饭团中夹着芝士，咬下去的时候就能够享受浓郁的芝士酱汁，是一个非常不错的结合。

准备这些别漏掉

米饭 1 碗
胡萝卜 1/4 根
鸡蛋 1 个
芝士 2 片
白芝麻少许
海苔碎少许
酱油少许
盐少许

厨房私语

1. 米饭最好选择软一点的比较容易成型。

2. 将米饭捏紧一些，防止入油锅后散开。

3. 在制作饭团的时候泡一杯杨梅汁，可以促进消化，排毒养颜。

做起来很简单

① 米饭加切碎的胡萝卜、酱油和盐。

② 将米饭与材料用勺子翻拌均匀。

③ 把少许米饭装入保鲜膜里压扁。

④ 打开保鲜膜，在饭团中间放入切成小块的芝士片。

⑤ 用保鲜膜把芝士块包在饭团里捏成圆形。

⑥ 将捏好的饭团表面均匀地裹上蛋液。

⑦ 油锅小火烧热后，放入饭团炸至金黄色出锅。

⑧ 滤干油后，撒上芝麻和海苔碎即可。

幸福早餐

Chapter 5

早餐须知

你不得不知道的健康秘诀

我们不仅要吃好早餐，也要吃对早餐。

什么时间吃早餐最合适？

什么样的早餐搭配最有营养？

等等你不得不知道的健康秘诀，

在这里一一为你罗列解答。

最科学的早餐时间

早餐不仅要搭配科学，吃的时间也要合理，长期在不合理的时间段进食早餐不仅吸收不好，甚至可能烙下病根。

最科学的吃饭时间表

15:30

7:30　　　　　　　　12:30　　　　　　　　　　　　18:30

7:30 早 餐

满分早餐推荐：1 个橙子 +1 杯咖啡 +2 片全麦面包 +1 份番茄炒鸡蛋

吃早餐的时间不是在于"早"这个字，如果七点前吃早餐会干扰胃肠的休息，使消化系统长期处于疲劳应战状态，扰乱肠胃的蠕动节奏。所以，早起人们不要急于吃早餐，起床后立即饮 1~2 杯温开水就可以，温水能够对人体器官起到"洗涤"作用，并且有效改善器官功能，有助于排毒消化。

12：00 午 餐

满分午餐推荐：含丰富纤维的蔬菜 + 红肉类肉食 + 主食

到了中午，身体的能量几乎已经消耗殆尽，这也是一天中身体能量需求最大的时候，是吃午餐的最佳时间。此时人体内胃肠道的消化积极性已经远不如早餐的时候，所以用餐时需要细嚼慢咽，最好不要一边盯着电脑一边吃午餐，不仅容易发胖，营养吸收也不好。

15:30 下午茶

满分下午茶推荐：富含粗纤维的杏仁或葡萄干

这时人体内的葡萄糖含量已经大大降低，不仅思维速度变慢，烦躁、焦虑等不良情绪也开始冒头，如果再不及时补充能量，工作就很难顺利、愉悦地进行下去，补充一些葡萄糖或者膳食纤维丰富的食品最好不过了。

18:30 晚 餐

满分晚餐推荐：富含蛋白质的海鲜或豆类 + 主食

晚餐一定要在睡前 4 个小时解决，这是食物在胃肠道中完全消化吸收所需的时间。否则带着未消化的食物入睡，不仅会堆积脂肪，睡眠质量也会大大受到影响。

常见早餐热量值

　　早餐是一日三餐中最重要的一顿，从热量上来说，不少于一日三餐总量的 30%。通常男性一天约需 1800~2000 卡，女性约 1600~1800 卡。下面是常见早餐的热量值，可以给大家在选择早餐时提供参考。

早餐	热量 kcal	早餐	热量 kcal
鲜奶 250ml	163	脱脂奶 250ml	88
鸡蛋 1 个	75	蛋黄 1 个	60
蛋白 1 个	15	煎蛋	105
甜玉米 1 根	107	小笼包 5 个	200
水饺 10 个	420	菜包 1 个	200
锅贴 3 个	170	烧麦 2 个	55
肉粽 1 个	350	萝卜糕 2 块	180
炸春卷 1 个	300	皮蛋瘦肉粥一碗	300
肉包 1 个	250	甜面包 60g	210
咸面包 60g	170	燕麦面包 100g	270
美式热狗 1 根	400	海鲜 pizza 80g	220
芝士汉堡 1 个	460	松饼 1 个	230
馒头 100g	231	油条 100g	386
牛奶麦片 100g	67	燕麦片 100g	367
红豆沙 1 碗	180	栗茸饼 1 个	155
草饼 1 个	110	低脂乳酪 1 杯	80
牛肉丸 1 串	80	卡夫芝士 1 块	63
葡式蛋挞 1 个	320	花生米 100g	560

最营养的早餐搭配原则

　　乱吃早餐没有用，不按时吃早餐也没有用，早餐一定要吃好也要搭配得恰到好处，这样才能保证一天的工作状态。

 营养早餐的搭配原则

　　基本要求：◆主副相辅　◆干稀平衡　◆荤素搭配
　　早餐追求简单快速，但绝不是单一的食物。想要早餐吃出健康和营养，就要讲究主食与副食品的搭配、干稀平衡以及荤素搭配，这样才能满足早餐的能量供给，唤醒身体的各项沉睡的机能。

 注意事项

1. 碳水化合物
　　人的大脑及神经细胞的运动必须靠糖来产生能量,因此可进食一些淀粉类食物,如馒头、面包、粥等,不能因为怕长胖而摒弃这些碳水化合物。要知道早餐所供给的热量要占全天热量的 30%，主要就靠主食，所以早餐一定要吃好。

2. 蛋白质食物
　　人体是否能维持充沛的精力还要依靠早餐所食用的蛋白质而定。因此，早餐还要吃一定量的动物蛋白质，如鸡蛋、肉松、豆制品等，光吃蔬菜或者水果也许不是最好的早餐选择。

3. 维生素
　　中式早餐虽然饱腹，但很容易被忽略掉的一点就是缺乏维生素的补充。所以在准备中式早餐的时候，最好搭配一些水果或者蔬菜沙拉作为配菜，以保证维生素的摄入，让早餐营养更均衡。

早餐的标准配置

1. 谷类 100g

谷物类的食物最有饱腹感，常见的谷类早餐有：馒头、面包、麦片、面条、包子、粥、粉等。粥可以制成五谷杂粮粥（燕麦、荞麦、红豆、绿豆、薏米、黑米、芡实、小米、红薯、南瓜等），咸淡口味的可以制作青菜粥、香菇鸡肉粥等多种搭配；面条也可以搭配蔬菜肉类等制作出美味的拌面、煮面甚至炒面。

2. 肉类

动物性食物是能量的源泉，如鸡蛋、肉、鱼类等都是非常好的食材，鸡蛋每日每天的建议食用量是 1 个，可以根据一天的食谱安排什么时候吃，不一定是早餐。

3. 奶或奶制品 250ml

富含蛋白质的食物是人类维持精力的重要依靠，牛奶、豆奶、豆浆等都是很好的早餐饮品选择。如果是夏季，还可以将酸奶或者牛奶与水果混合，制作成水果奶昔，不仅有助于吸收和消化，还能保证早餐的干稀平衡。

4. 新鲜蔬果各 100g

蔬菜、水果可以拌成蔬菜沙拉或者水果沙拉，还有一些小菜，如拍黄瓜、酸辣海带丝、香菜胡萝卜拌香干等是既开胃又能补充维生素的好选择。

早餐的禁忌

早餐是每天最重要的一餐，我们推荐了很多适合早餐食用的食谱，那么有没有哪些食品是不宜早餐食用的呢？

 冰饮料

很多人早上起来习惯性打开冰箱，喝一杯冰水或者是冰的果汁，但是冰凉的饮料与刚刚苏醒的肠胃温度相差太大会强烈刺激胃肠道，导致突发性挛缩。 从而引起腹痛、腹泻等不良反应，对于女性而言，长此以往还会伤害到子宫，造成月经不调等病症。

 香蕉

早上起来切忌空腹吃香蕉，因为香蕉中除了含有助眠的钾，还含有大量的镁元素，若空腹食用，会使血液中的含镁量骤然升高，而镁也是影响心脏功能的敏感元素之一。香蕉作为早餐后的加餐是更好的选择。

 油炸食品

油炸食品经过高温油炸后，油脂含量普遍较高，而且食物中的营养元素在油炸的过程中也会受到破坏，还容易产生致癌物质，也不利于肠胃的消化，不宜早餐食用。

 咸菜

清粥小菜做早餐虽然非常养生，但是很多人却喜欢搭配一些罐头咸菜、腐乳等一起吃，这些腌制食品含盐量非常高，而且添加了各种食品添加剂和防腐剂，常吃容易伤害肝、肾。可以尝试自己在家制作果酱搭配，既安全又营养。

蔬菜沙拉

这类早餐受到很多女性的喜爱，因为主食是热量的来源，而热量则是很多女性与肥胖人士的天敌，为了减肥早餐不食用碳水化合物只吃蔬菜沙拉不仅营养不均衡，导致身体各种功能削弱，而且生冷的蔬菜也不宜空腹食用。

隔夜菜

不少上班族为了节约时间，总是在做晚餐时顺便也多做了第二天早餐的份量，早上起来直接热一下吃了就去上班。虽然很方便但是剩菜中的蔬菜很可能会产生亚硝酸（一种致癌物质），吃进去会对人体产生危害，所以尽量避免用隔夜菜做早餐，如果食用一定要保存好，以免变质。

零食

平时肚子饿了，吃点饼干、巧克力等零食是可以的，但是拿零食来充当早餐是非常不科学的。零食多数属于干食，对于早晨处于半脱水状态的人体来说，是不利于消化吸收的。而且饼干等零食主要原料是谷物，虽然能在短时间内提供能量，但很快就会使人体再次感到饥饿，容易造成营养不良，导致体质下降。

辛辣食物

早上要避免刺激肠胃，过于辛辣的食物显然是不宜早上食用的，进入食道的辣椒会刺激食道内壁，吃完后会即刻感到胃痛不适，增加胃的负担。对于肠胃不好或者身体燥热的人来说，如果实在想吃辣椒，可以选择一些微辣的食品，并且搭配牛奶或柠檬水一起食用。

不吃早餐危害大

如果想牺牲掉早餐时间而多赖几分钟的床，这样的方法也许会让你舒服一时，但长久下来会累积许多健康问题，让身体处于亚健康状态。

反应迟钝

早餐是开启大脑活动的电源，它就像我们沉睡了一夜之后急需的蓄电池，传递能量，让我们活力一天。如果没有吃早餐，体内无法供应足够的血糖以供消耗，便会感到倦怠、疲劳、思维无法集中，严重影响我们的学习和工作。

容易患胆结石

早晨起来是胃经当令，这个时候胃开始蠕动，胃一动就会分泌胆汁，胆汁是用来消化和软化食物的，并且会随着食物的消化一起排出体内。如果不吃早餐，胆汁就一直处于一个空运化的状态，慢慢就会产生凝聚，久了就会在里面淤积，这也是引发胆结石的诱因。

影响智力发育

饥饿时血糖降低，会使大脑运作出现障碍，产生头晕、记忆力减退、容易疲劳，甚至影响大脑功能，导致智力下降。经研究发现，在智力水平相当的情况下，吃早餐的学生的学习成绩明显高于不吃或少吃早餐的人。这是因为不吃早餐导致大脑营养和能量短缺，不能正常发育和工作，久而久之就会妨碍智力的发展，甚至降低智力。

易患便秘

在三餐定时情况下，人体内会自然产生胃结肠反射现象，有利身体排毒；反之若不吃早餐成习惯，就可能造成胃结肠反射作用失调，产生便秘。身体排毒不畅，毒素在体内积累到一定程度就容易化作痘痘，通过这种激进的方式排除体内毒素。

容易衰老

不吃早餐，人体只得动用体内贮存的糖元和蛋白质，久而久之，会导致皮肤干燥、起皱和贫血等，加速人体的衰老。国外相关的实验证明，早餐摄入的营养不足很难在其他餐次中得到补充，不吃早餐或早餐质量不好是引起全天的能量和营养素摄入不足的主要原因之一。严重时还会造成营养缺乏症，如营养不良、缺铁性贫血等。

 影响寿命

人体的健康长寿靠生物钟的支配，不吃早餐打乱了生物钟的正常运转，肌体所需营养不能得到及时的补充，生理机能就会减退，再加上不吃早餐带来的种种疾病对机体的影响，都在影响人的寿命。

 易患心脑血管病

人在一夜的睡眠中，因呼吸、排尿等显性或非显性发汗，使水分大量失去，如果不吃早餐或不饮水，可导致血容量减少，血液粘稠，血小板集聚性增加，微小血栓容易形成，容易堵塞心脑血管而致病，中老年人尤应注意。

 引起女性月经不调

女性不吃早饭，有的是为了减肥，有的是因为上班时间紧张，有的是其他原因。不论什么原因，不吃早饭对女性身体损害较大，尤其是寒冷季节，不吃早饭则人体"火力"更加不足，致使女性体寒，使盆腔内的血管收缩，导致卵巢功能紊乱，引起月经量过少，月经失调，甚至闭经。

根据自身需求选择早餐

一份健康的早餐，热量要控制在 600~700 千卡，应该包含淀粉、蛋白质和膳食纤维。但是不同的人对营养需求均有不同，早餐也可以根据自身特点灵活选择。

 吃粗粮为大脑供能量

为了保证学生在课堂上能高度集中精力，早餐必须摄入足够的碳水化合物，因为碳水化合物能转化为血糖，为大脑提供能量。所以学生的早餐一定要吃主食，比如面包、花卷、馒头等。最好选择升糖指数较低的粗粮，为大脑持续提供能量，如全麦面包三明治、杂粮粥配包子加煎蛋等，都是比较好的学生早餐。

 低脂早餐对付久坐办公族

办公室白领活动量少，很容易囤积脂肪，所以早餐要尽量低脂。可以选择杂粮粥搭配包子，烧饼夹点酱肉和生菜、番茄、黄瓜等，或者加了一个鸡蛋或几片酱肉的面条、汤粉等。另外，由于办公室一族经常面对计算机，可在早餐中加些护眼食物，如橙黄色的蔬果，小番茄、胡萝卜等，喝杯枸杞豆浆也不错。

 牛奶适合多数人

牛奶中含有高质量的乳钙、蛋白质以及丰富的 B 族维生素。对中国人来说，早餐一杯牛奶对膳食平衡非常重要。处于生长发育期的青少年格外适合喝牛奶。乳糖不耐受的人，可以少喝纯牛奶，多喝酸奶。

 果蔬汁排毒效果最好

清爽的果蔬汁含有丰富的膳食纤维，能促进肠道蠕动、加速身体排毒。同时，果蔬汁中含有丰富的维生素 C、果酸、B 族维生素等，对于抗衰老、排出毒素格外有效。早晨是排毒的最佳时机，因此，早餐喝一杯果蔬汁对爱长痘痘、容易便秘的人非常有用。